数学の考え方

矢野健太郎

講談社学術文庫

まえがき

わが国では、小学校では算数、中学校では代数学と幾何学、そして高等学校では解析幾何学と微分積分学が、外国のどの国と比較してもけっしてひけをとらない熱心さで教授されています。

そして、このように普通教育で数学を教えるばあいの教育法も、わが国の数学教育にたずさわる人たちの熱心な研究によって、すばらしい進歩をとげつつあるとわたくしは思っています。

それにもかかわらず、この学校で教える数学が、まことに残念ながらあなたにとってはおもしろくない、わからない、という結果になっていることを認めないわけにはいきません。

ですから、その原因をつきとめることは、これからの数学教育にとってもっともたいせつなことの一つであると思われますが、現在わたくしの気のついている原因の一つは、教師があなたに数学の話をするばあいに、あなたが一般の人であって、かならずしも科学や技術をめざす人ではないことを忘れて、あまりに細かい計算や技巧にこだわりすぎることではないかと思います。

ところが、数学の生い立ちをふり返ってみますと、その本質は計算や技巧の歴史ではなく、むしろ考え方の歴史、思想の歴史であるといってよいようです。

将来、科学や技術をめざす人たちにとっては、数学の細かい計算法や技巧は欠くことのできないものですが、あなたのような一般の人にとっては、それらはかならずしも絶対必要なものではないはずです。

さて、数学の歴史を、一つの大きな思想の歴史として見ると、そこには一貫した見事な流れがはっきり浮かんできます。この流れは、科学技術をめざす人たちにとってはもちろん、あなたにとっても、じゅうぶん興味のあるものにちがいないとわたくしは思います。

そこでわたくしは、この小さな書物のなかで、数学の歴史の転回期に現われた、いろいろな思想を回顧してみました。つまり、わたくしたちの書かれた歴史が始まる以前に、人間はどのようにして数の考えをつかんでいったかという話から始めて、ギリシアの数学、中世紀の数学、そして十七世紀の数学に現われたおもな思想をたどってみたのです。

よく知られているように、十七世紀に一大転回期を経験した数学は、二十世紀にはいってまた大きな転回を示しつつあります。

それらの全部にふれることは、この小さな書物ではむりですが、それでも、あなたに、現代数学に現われる思想の一端を知っていただくために、最後に、トポロジー・集合・確率についての三つの章をつけ加えました。

これによって、あなたに、数学の思想の流れの、今日までの大体を知っていただき、数学に対する興味をいままで以上のものにしていただけたらというのが、本書を書いたわたくしの唯一の願いです。

一九六四年七月

矢野健太郎

目次

数学の考え方

第一章　歴史が始まるまえの数学

1　数の考え

長い長い時間をかけて

わたくしたち人間の社会生活にとって、数の考えというものが、なくてはならないものであることは、いうまでもありません。

動物心理学者たちの実験によると、数の考えというものは、人間以外の動物にはほとんどなく、わたくしたち人間だけがもっているものだといえそうです。

しかし、この地球上にはじめて現われた人間が、最初から数の考えをもっていたとは思われません。この地球上にはじめて人間が現われ、彼らが社会生活を営むようになり、数の考えの必要を感じ、その数の考えを発展させてゆくまでには、長い長い時間がかかったにちがいありません。

数の起源の探検

しかしこれらのことは、いまわかっている人間の歴史が始まるよりもずっと以前に起こったことなので、人類がどのようにして数の考えを獲得し、それを発展させていったかを調べるのは、容易なことではありません。けれども、ここに、それを調べるうまい方法が二つあります。一つは、現在この地球上に、はたしてどのような数の考え方が残っているかを調べる方法と、もう一つは、わたくしたちが現在使っていることばのなかに、むかしの人の数に対する考え方のあとかたをさがす方法です。

この第一の方法にしたがって、多くの学者たちが、南洋諸島・南アメリカ・アフリカ・オーストラリアなどを探検しました。以下にこの学者たちの報告のいくつかを紹介しましょう。

3以上はすべて「たくさん」

おどろいたことに、これらの学者の報告によれば、南アメリカやオーストラリアのなかには、

1

2

までしか数詞をもっておらず、3または3以上になると、

たくさん

といってすましているものがあるのです。

この例からも、数の考えの獲得が、わたくしたち人類にとって、どんなにむずかしいものであったかがよくわかります。そしてそのあとかたは、わたくしたちが現在使っていることばのなかにも残っていると主張する人があります。たとえば、英語のスライス(thrice)ですが、これは、三回とか三度とかいう意味と同時に、何回もか、ひじょうにとかいう意味ももっています。したがってこれは、わたくしたちの祖先が、3になるともう、たくさん、というふうにいっていた一つの証拠であるというのです。

3を「2と1」ともいう

トレス海峡の島々に住む人たちは、数詞としては、

1　ネタット
2　ネイス

の二つしかもっていませんが、彼らはそれ以上の数にぶつかったときには、

3　ネイス＝ネタット
4　ネイス＝ネイス

つまり、3のことを2と1、4のことを2と2と呼んで進んでいきます。

また、

1　ウラパン
2　オコサ

という二つの数詞を組み合わせて、

3　オコサ＝ウラパン
4　オコサ＝オコサ
5　オコサ＝オコサ＝ウラパン
6　オコサ＝オコサ＝オコサ

と、6ぐらいまでは進めるということです。

木の幹に刻み目をつけて

しかし、とうぜん、もっと大きな数に直面することがあります。たとえば、ある人が七匹の家畜をもっていたとします。彼は7という数詞をもっていませんから、この家畜の数を7と数えることはできないわけです。そこで彼は、この家畜の数を記憶しておくために、木の幹に刻み目をつけることがあります。

つまり彼は、一匹の家畜に対して、木の幹に一つの刻み目をつけます。そうすると、わたくしたちの目から見れば、木の幹には七つの刻み目がついているわけですが、彼は、彼の家畜が、この刻み目と一対一に対応するだけいると記憶しておくわけです。

英語にタリー（tally）ということばがあります。これが、刻み目という意味と同時に、勘定・計算・得点などという意味ももっているのは、わたくしたちの祖先が、このように刻み目を利用して数を記録し、ひいては刻み目を計算に利用した証拠であろうといわれています。

小石を並べて記憶や計算

また、数を記憶するのに小石を使うこともあります。

たとえば十二匹の家畜をもっているとしてみましょう。彼はこの大きな数を記憶しておくために、一匹の家畜に対して一つの小石をおいてゆきます。そうすると、わたくしたちの目から見れば、そこには十二個の小石があるわけですが、彼は、彼の家畜が、この小石の集まりと一対一の対応がつくだけあると記憶しておくわけです。

英語にカルキュラス（calculus）ということばがありますが、辞書を引いてみますと、医学用語として結石を意味するとあります。このように、もと小石を意味していたことばが、現在では、計算法を意味するのは、むかしわたくしたちが数を記憶するのに小石を用い、さらに計算にもそれを利用した証拠であるといわれます。

からだの各部分を利用

こうして人類は、物の数を記憶しておくのに、それと一対一の対応がつく物の集まりを利用することをおぼえていったものと思われますが、そんなつごうのよいものが、いつも身近に見いだされるとは限りません。そんなときには、わたくしたちの祖先は、それに代わるものとして、自分のからだのいろいろな部分を利用することをおぼえてゆきました。

たとえば、ニューギニアの北東地方の人たちは、数と自分のからだの部分とのあいだに、つぎのような対応をつけて数を数えることが知られています。

1　右手の小指
2　右手の無名指
3　右手の中指
4　右手の人さし指

5　右手の親指
6　右手の手首
7　右手のひじ
8　右の肩
9　右の耳
10　右の目
11　左の目
12　鼻
13　口
14　左の耳
15　左の肩
16　左手のひじ
17　左手の手首
18　左手の親指
19　左手の人さし指
20　左手の中指

21　左手の無名指
22　左手の小指

2　指を使う

片手はつまり5であった

さて、以上にお話した数の数え方からもわかるように、わたくしたちの祖先も、最初は、数を数えたり、記録したりするのに、木につけた刻み目、小石、そして自分のからだのいろいろの部分を利用していたものと思われますが、このような経験を積んでゆくうちに、数を数えるのに、両手・両足の指を利用するほうがさらに便利であるのに気づいたにちがいないと思われます。

まず、まえのように、指を折るか、ひろげるかして、

1
2
3
4

と数えてゆくことでしょうが、5になると、

5　片手が終わった

ということになります。

現在使われていることばのなかにも、サンスクリット語のパンチャ（pantcha＝5）とペルシア語のペンチャ（pentcha＝手）とのあいだの類似性、また、ロシア語のピアト（piat＝5）とペルシア語のピアスト（piast＝手）とのあいだの類似性などは、5ということばと手ということばが最初は一致していた証拠と考えられます。

両手から十進法を

さて、グリーンランドには、この5のつぎは、

6　片手と1

7　片手と2

8　片手と3

9　片手と4

と進んで、

10　両手が終わった

という数え方があります。

また、アピア語にも、つぎの数え方があります。

1　タイ
2　ルア
3　トル
4　バリ
5　ルナ（手）
6　オ＝タイ（他に1）
7　オ＝ルア（他に2）
8　オ＝トル（他に3）
9　オ＝バリ（他に4）
10　ルア＝ルナ（両手）

これらは、5になると、いちおう一まとめと考える考え方ですから、いわゆる五進法といえます。

さて、5になると一まとめと考えるのはうまい方法ではありますが、一まとめとしてはすこし小さすぎるようです。そこで、片手が終わったときでなく、両手が終わったとき、つまり、10まで数えたとき、それで一まとめとする方法を思いつきました。これが、現在わたくしたちの使っている十進法です。

両手・両足で、人間ひとり20

さて、このようにして彼らは、10まで数えて両手が終わった、というわけですが、まだ数えなければならない物が残っていれば、こんどは足の指を使って数えてゆくばあいがあります。

グリーンランドの例では、

11　両手と一つ
12　両手と二つ
13　両手と三つ
14　両手と四つ
15　両手と片足
16　両手と片足と一つ
17　両手と片足と二つ

18　両手と片足と三つ
19　両手と片足と四つ
20　両手と両足

と数えて、ここで「ひとりの人間がすんだ」というように数えてゆきます。

これは、ひとりの人間の両手と両足についている二十本の指を全部使ったとき、つまり20まで数えたとき、それで一区切りと考えるのですから、二十進法といえます。

20まで数えてまだ勘定が終わらなかったら、彼らは、もうひとり人間を貸してください、といって、

21　人間ひとりと一つ
22　人間ひとりと二つ
23　人間ひとりと三つ
…


という調子で勘定を続けてゆきます。

わたくしたちの祖先も、かつてはこのように20で一まとめとする数え方を使っていた証拠はいくらでもあります。

木の幹の代わりに札《ふだ》を

さきに、木の幹に刻み目をつけて数を記録するときの刻み目をタリー（tally）というといいました。そして、このタリーが転じて、勘定・計算・得点を意味するようになったことも述べました。

ところで、刻み目をつけるとすれば、それは木の幹でなく、自由に持ち運びのできる木の札であれば、なお便利なわけです。

このように、刻み目をつけて数を記録しておく符木・割符のことも、タリーといいます。

このばあい、まえのような数え方をして、人間ひとりがすんだばあい、つまり20まで数え終わったとき、割符に一つの刻み目をつけるということも考えられるわけです。

こんなわけで、タリーということばは、ときには計算の単位を表わすこともあります。たとえば英語を話す人が、

「……17、18、19、タリー」

といったとすれば、このタリーは、ちょうど、または20のことを表わします。

数え方の歴史を物語る「スコア」

英語にはまた、あなたもよく知っているスコア（score）ということばがあります。ところで、このことばほど、人間の数の数え方の歴史をよく表わしているものはないと思われますので、あなたもぜひ、なるべく大きな英和辞典を引いてごらんなさい。

そこには、まず、刻み目・割符などの意味が書いてあります。したがって、これは、最初はまえに申し上げたタリーということばとまったく同じ意味をもっていたと思われます。

そのつぎに、計算という意味があります。数を記録するものが、つづいて計算にも利用されたであろうということは、当然考えられることです。

つづいて、得点とか得点表という意味があります。これは、早慶戦は、5対4のスコアで早稲田の勝ちであった、などというときのスコアです。

人生はスリー＝スコア＝アンド＝テン

そのつぎには、なんとこのスコアということばには、20という意味があるのです。

英語では、ふつうトゥエンティー（twenty）ということばを使って20という数を表わします。これはもちろん、2と10（two と ten）を組み合わせてつくったことばです。つまり、二倍の10で20というわけです。

ところがスコアということばは、これ一語で20という意味をもっています。そしてこのスコアということばは、ふつうには単独で20という意味に使われることはめったにありませんが、ちょっとしゃれたいい方をするときにはよく使われます。

事実、辞書にも例としてthree score and tenといういい方があげられています。これは、三倍の20と10で、70という意味です。日本にはかつて「人生五十年」ということばがありましたが、イギリスでこれに対応するいい方は「人生七十年」です。そして、こんなときに右のような変わったいい方が使われるわけです。

20という数は大きかった

そのつぎに、さらにこのスコアということばには、多数という意味があります。これは、むかしの人にとっては、20というのは、もうすでに大きな数であったことを意味しているのだと思われます。

現に英語でscores of timesといえば、これは、ひじょうに多数回、ということを意味しています。また、scores of scores といえば、これはもうたいへんに多数ということを意味しています。

英語のスコア（score）に対して、フランス語には、バン（vingt）ということばがあります。英語のスコアということばは、ふつうの会話で20の意味に使われることはめったにありませんが、フランス語のバンということばは、ふだんの会話にどんどん使われています。

たとえば、カートル＝バン（quatre-vingts）といえば、四倍の20で、80という意味になり、また、カートル＝バン＝ディス（quatre-vingt-dix）といえば、四倍の20と10で、結局90という意味になります。

フランス人は20でしゃれる

また、フランス人は、ちょっとしゃれて、バン＝スー（vingt sous）といういい方をすることがありますが、ここにスーというのは、五サンチームのことです。したがって、バン＝スーというのは、二十スー、つまり二十倍の五サンチームで百サンチーム、すなわち一フランのことです。

また、二百二十人からなる巡査の一団をオンズ＝バン（onze-vingts）と呼ぶことがありますが、これは、十一倍の20で、220です。

三百人を収容するためにパリに建てられた廃兵院は、キャンズ＝バン（Quinze-vingts）という奇妙な名まえをもっています。これは、十五倍の20で、結局、300というわけです。

3　指を使う計算

その技術は教養の一つ

このように、わたくしたちの祖先は、数の考えを獲得し、それを発展させてゆくのに、両手と両足についている、総計二十本の指をじゅうぶんに活用してきました。

このばあい、片手が終わったとき、つまり5まで数えたとき、それで一まとめと考える五進法、両手が終わったとき、つまり10まで数えたときに、それで一まとめと考える十進法、さらには両手と両足が終わったとき、つまり20まで数えたとき、それで一まとめと考える二十進法の三種類が考えられるわけです。しかし、5では一まとめが小さすぎ、20では一まとめが大きすぎるので、その中間の10を一まとめとする十進法がもっぱら使われるようになったものと想像されます。

このように、わたくしたちの数の歴史では、指を使う方法が大活躍をしたので、ついこのあいだまで、指をじょうずに使う計算の技術は教養の一つとさえ考えられていました。そうした指をじょうずに使う計算の技術の例を一つ二つあげてみましょう。

両手をひろげて指を一本折る

まず、ある数と9を掛けた答えを見いだすのに、つぎのようなくふうがあります。たとえば、2と9を掛けた答えがほしいときには、両手をひろげて、左から二番目の指を折ります。そうすると、その折った指の左に一本、右に八本の指が立っています。そこで答えは18とわかる、というわけです。

もし、3と9を掛けた答えがほしいというのであれば、やはり両手をひろげて、こんどは左から三番目の指を折ります。そうすると、その折った指の左に二本、右に七本の指が立っています。そこで答えは27とわかる、というわけです。なかなかうまい方法ですが、わけはおわかりでしょうか。

なぜそうすると答えがでるか

ある数と9とを掛けた答えは

1×9＝ 9
2×9＝18
3×9＝27
4×9＝36
5×9＝45
6×9＝54
7×9＝63
8×9＝72
9×9＝81

ですが、ごらんのとおり、ここで気づくことは、ある数と9との積の十位の数字は、その数よりも1少なく、答えの十位の数字と一位の数字との和は9になっているという点です。

したがって、たとえば3掛ける9の答えを出すのに、左から三番目の指を折れば、その左には、3より1少ない二本の指が立っていることになりますから、これが答えの十位の数字を表わしています。

また、十本の指から一本の指を折ったのですから、全体では九本の指が立っているわけです。したがって、折った指の右に立っている指の数は、答えの一位の数字を表わしているわけです。

5以上の掛け算

もう一つの例として、5より大きな二つの数の掛け算を、指を使ってするくふうをお話しましょう。

たとえば、6と8を掛けた答えをさがすとします。このばあいには、まず、左手をひろげ、それを5と考え、6といって一本の指を折ります。つぎに、右手をひろげ、それを5と考え、6、7、8といって三本の指を折ります。

そうすると、左手に一本、右手に三本の指が折られているわけですが、その1と3を加えた4が答えの十位の数字です。

また、左手には四本の指が、右手には二本の指が立っているわけですが、この4と2を掛けた8が答えの一位の数字なのです。

したがって、答えは48というのがこの方法です。

6×8

1＋3＝4,　　4×2＝8

よって答えは,

48

もう一つ例をやってみましょう。こんどは7と9を掛けた答えをさがします。このばあいには、まず左手をひろげ、それを5と考え、6、7といって二本の指を折ります。つぎに、右手をひろげ、それを5と考え、6、7、8、9といって四本の指を折ります。

そうすると、左手に二本、右手に四本の指が折られているわけですが、この2と4を加えた6が答えの十位の数字であり、また、左手には三本の指が、右手には一本の指が立っているわけですが、この3と1を掛けた3が答えの一位の数字です。したがって答えは63というわけです。

7×9

2+4=6,　　3×1=3

よって答えは,

63

その答えがでるわけは

このようにして答えがでる理由はつぎのように説明されます。

左手に折った指の数をx、右手に折った指の数をyとすると、わたくしたちは、

$$(5+x)(5+y)$$

という掛け算をしていることになります。ところが、験算してみればすぐわかるように

$$(5+x)(5+y)$$
$$=10(x+y)+(5-x)(5-y)$$

という式が成り立ちます。ところがこの式は、答えの十位の数字は、折った指の数 x と y を加えたものであり、答えの一位の数字は、折らずに残った指の数、

$5-x$

と

$5-y$

を掛けたものであることを示しているからです。

第二章　古代の数学

1　エジプトの数学

氾濫《はんらん》の予知にまず天文学

さて、わたくしたち人類の歴史は、そしてとくに文明の歴史は、エジプトのナイル川、バビロニアのチグリス・ユーフラテスの両河、インドのインダス川、そして中国の黄河など、大河のほとりに起こったといわれています。

なかでもナイル川は、毎年雨期になるとその下流の地域一帯に氾濫して人々を悩ませましたが、それと同時に、上流の肥えた土を下流に運んだので、水のひいたあとは農作物がひじょうによくできる場所となり、そのため、ここに世界最古の文明の一つが栄えた、とはよくいわれていることです。

ところで、エジプトの人たちは、第一にこのナイル川の定期的な氾濫を予知する必要にせまられました。そのために、まず、星の運行に目をつけて天文学を研究し、すでに、一年が三百六十五日と四分の一であることを知っていたといわれます。

「なわ張り師」と幾何学のおこり

また為政者は、氾濫による損害の程度によって税を加減しなければならなかったので、そのために計算の技術が発達しました。

さらにまた、このナイル川の氾濫は、せっかくつくった田地の区画をおし流してしまうので、エジプトの人たちは、氾濫ののちに毎回この区画を引き直さなければなりませんでした。

そのことから、人々はなわを使って土地を測量する方法を学んでゆきました。そして、なわを使う測量師たちのことを「なわ張り師」と呼びました。

現在、幾何学のことをジェオメトリー（geometry）といいますが、このジェオ（geo）は土地のことであり、メトリー（metry）は測量を意味しているのは、幾何学のおこりをよく表わしているわけです。

さて、わたくしたちは、このエジプトの数学を、ロゼッタの石とリンド＝パピルスとからうかがい知ることができます。

「ロゼッタの石」の不思議な文字

一七九九年、英雄ナポレオンがエジプトに遠征したときのことです。セントジュリアンの廃墟《はいきょ》を掘っていたひとりのフランス工兵が、一面に奇妙な文字の彫りつけられている一片の石を掘りあてたのです。この工兵は、これはエジプトの古代文字であろうと想像し、そしてこの一片の石はフランスの戦利品のなかに入れられました。ところが二年後の一八〇一年にはフランス軍はイギリス軍に敗れて、この石はイギリス軍の手に帰し、いまではロンドンの大英博物館に保存されています。またこの石は、ナイル川デルタのロゼッタ港の付近で発見されたので、「ロゼッタの石」と呼ばれています。

こうして、エジプトの文化を秘めた一片の石は発見されたわけですが、そこに彫りつけられた不思議な文字がなにを意味しているのかは、なかなかわかりませんでした。

しかし、イギリスの物理学者で医者のトーマス＝ヤングは、一八一四年からその判読にかかり、数年かかってようやく百字前後を解き、さらに、フランスの天才的な考古学者フランソワ＝シャンポリオン（一七九〇—一八三二年）の努力によって、ロゼッタの石発見以来やく二十年、ついにこの不思議な文字も解読されたのです。

1から9までを表わす記号

そのなかに、エジプトの人たちの使っていた数字がありますから、それをここで紹介しましょう。つぎの図を見てください。まず1は棒の形｜で表わして、2、3、4、……9は、棒｜をその数だけ並べました。つまり、

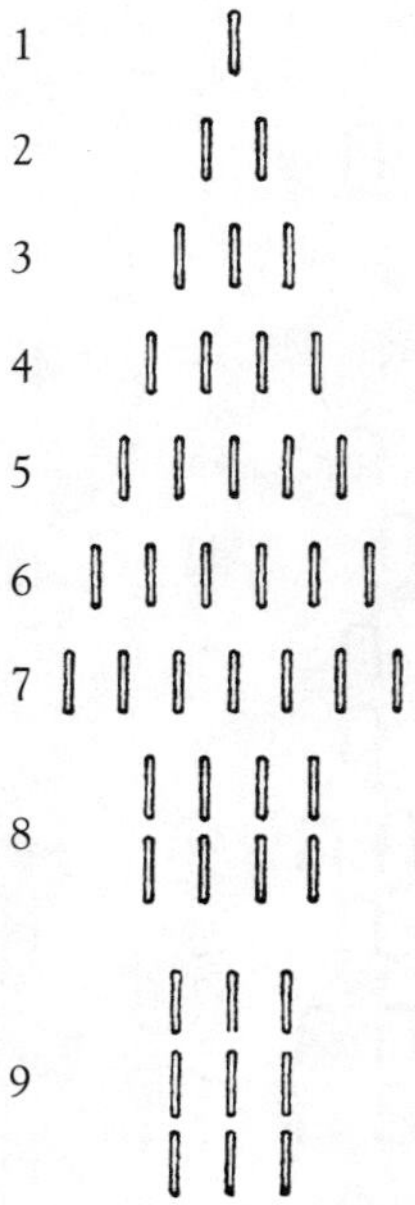

という調子です。

10から90までは

ついで10になると、新しい記号∩を導入して、

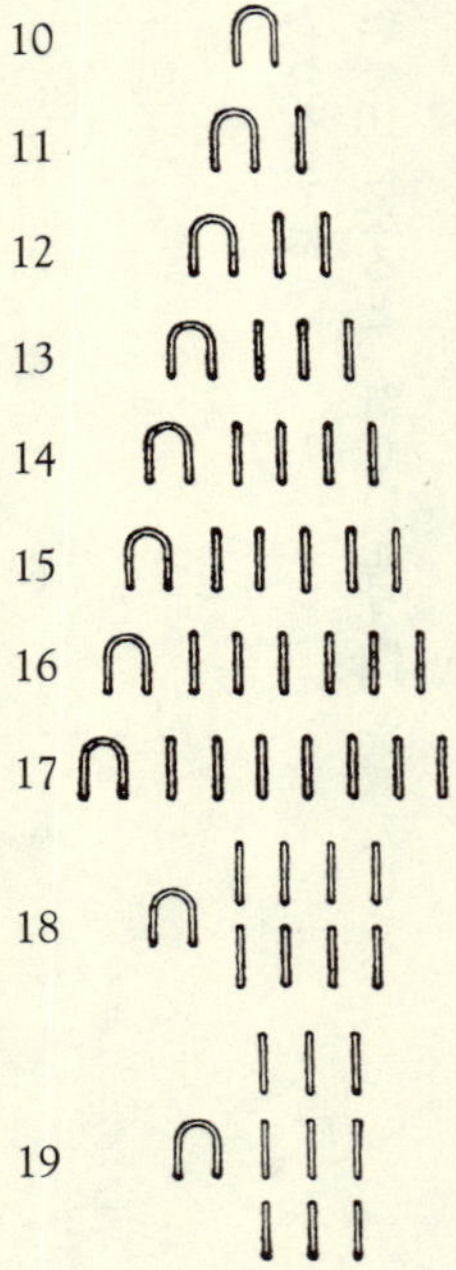

と進んでゆきます。

20からさきは、10を表わす記号∩をその数だけ並べて、

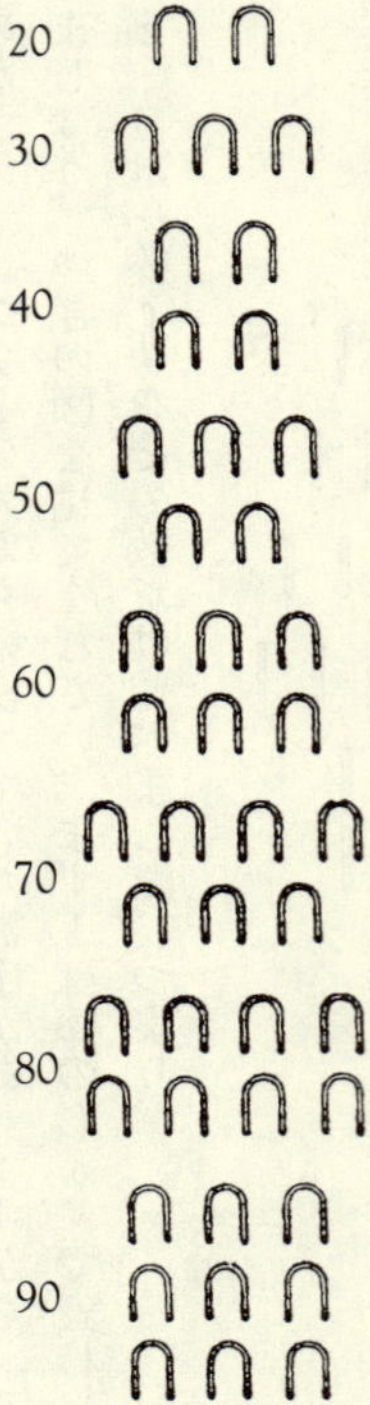

という調子です。

位が上がるごとに新しい記号

ついで100になると、こんどはという記号を使って、

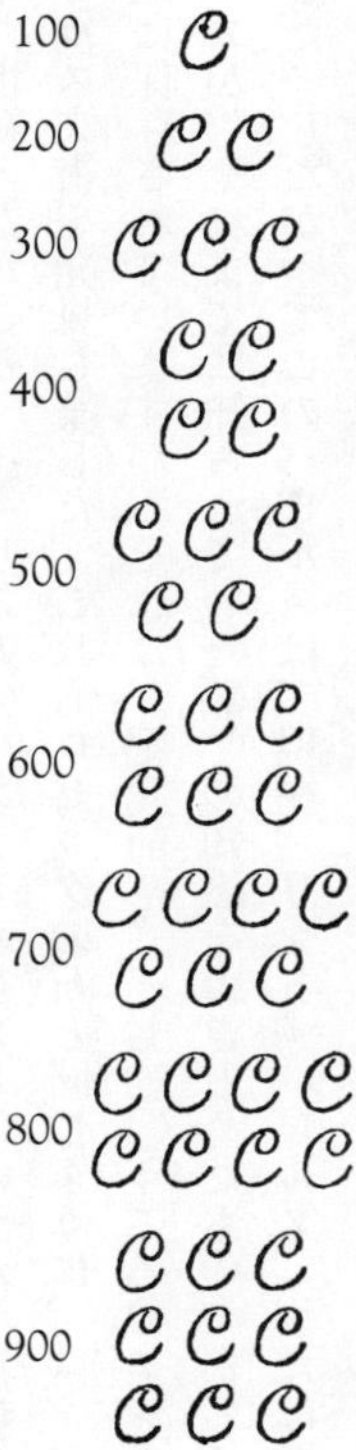

100	ℰ
200	ℰℰ
300	ℰℰℰ
400	ℰℰℰℰ
500	ℰℰℰℰℰ
600	ℰℰℰℰℰℰ
700	ℰℰℰℰℰℰℰ
800	ℰℰℰℰℰℰℰℰ
900	ℰℰℰℰℰℰℰℰℰ

と進んでゆきます。このように、エジプトの数字では、十進法で位が一つ上がるたびに新しい記号を導入してゆくわけです。それを左にあげてみれば、

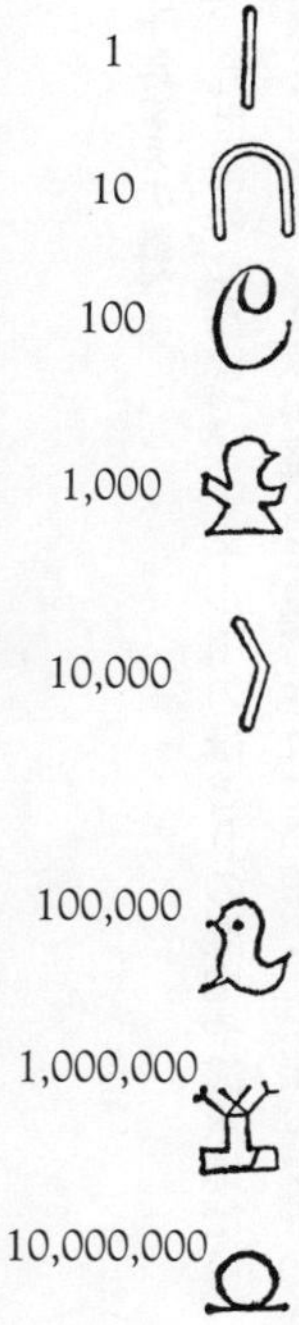

1	|
10	∩
100	ℰ
1,000	𓆸
10,000	𓂭
100,000	𓆐
1,000,000	𓁨
10,000,000	𓇳

です。

四千年まえの数学書

八、九世紀のころまで、ナイル川のほとりの湿地や浅水地には、いまは絶えてしまったパピルスという草が盛んに栽培されていました。エジプトの人たちは、このパピルスの茎で一種の紙をつくって、それに物を書きとめたのです。現在の英語のペーパー(paper)ということばの語源は、このパピルス(papyrus)だといわれています。

十九世紀のなかごろ、イギリス人のヘンリー＝リンドという人が、エジプトでこのパピルス文書を発見しました。これもロゼッタの石と同じように、ロンドンの大英博物館に保存されていますが、それは、紀元前やく一七〇〇年ごろのエジプトの神官アーメスが、それまでに知られていた数学の知識を書きとめたものであることがわかりました。したがってこのパピルスは、現在、リンド＝パピルス、またはアーメスのパピルスと呼ばれています。

判じ物のような答え

このアーメスのパピルスは、まずその最初には、2を5で割れ、2を7で割れ、2

を9で割れ、……2を101で割れ、という問題が並んでいます。

これらの問題の答えは、

$$\frac{2}{5}=\frac{1}{3}+\frac{1}{15}$$

$$\frac{2}{7}=\frac{1}{4}+\frac{1}{28}$$

$$\frac{2}{9}=\frac{1}{5}+\frac{1}{45}$$

……

というぐあいに、分子がいつも1で、分母が異なる分数の和としてあたえられています。

いまの小学生であれば、2を5で割れといわれれば、2に当たるものを上のように並べ、これらを縦に五等分して、

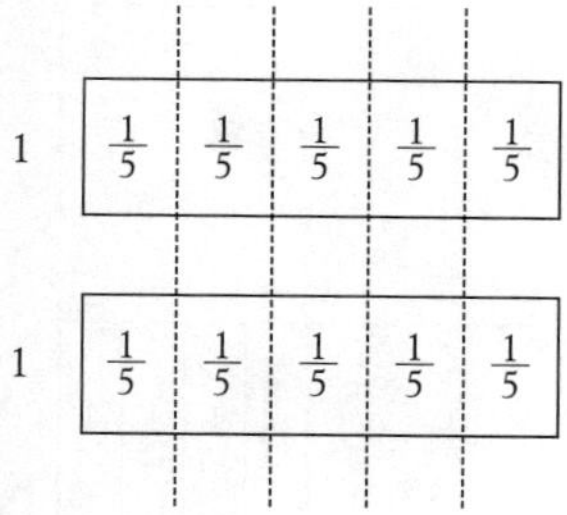

$$\frac{2}{5}=\frac{1}{5}+\frac{1}{5}$$

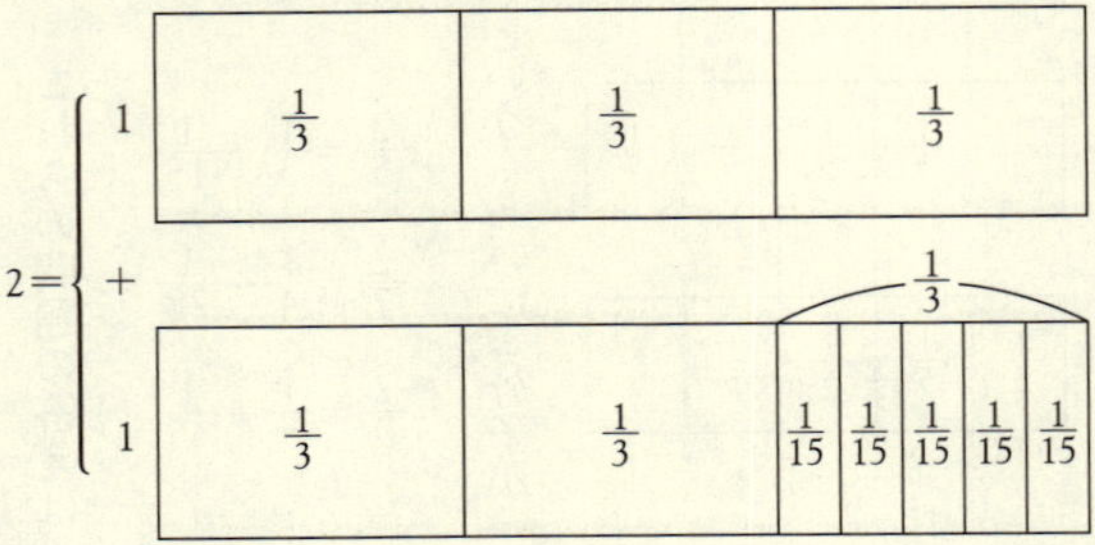

と、答えるでしょう。

ところが、エジプトの人たちは、まず1を$\frac{1}{3}$が三つと考えました。

したがって、上図のように、2は$\frac{1}{3}$が六つです。そこで2を5で割ることは、この六つの$\frac{1}{3}$を、5で割ることになります。

六つの$\frac{1}{3}$を5で割ると、答えは、$\frac{1}{3}$と、あと割りきれない$\frac{1}{3}$が一つ残ります。

この残り$\frac{1}{3}$も5で割らなければなりませんが、その答えは$\frac{1}{15}$です。

そこで$\frac{2}{5}$は、$\frac{1}{3}$たす$\frac{1}{15}$、ということになります。

以上を式にしてみますと、つぎのようになります。

$$2=\left(\frac{1}{3}\times 3\right)\times 2$$

$$=\frac{1}{3}\times 6$$

すると，

$$\frac{2}{5}=\frac{\frac{1}{3}\times 6}{5}$$

$$=\frac{\frac{1}{3}\times(5+1)}{5}$$

$$=\frac{1}{3}+\frac{\frac{1}{3}}{5}$$

$$=\frac{1}{3}+\frac{1}{15}$$

そこで

$$\frac{2}{5}=\frac{1}{3}+\frac{1}{15}$$

仮定法によるうまい解法

アーメスのパピルスには、つぎのような問題もあります。

「ある数とその$\frac{1}{3}$を加えたものは16である。ある数はいくつか」

これも、いまの小学生であれば、「ある数にその$\frac{1}{3}$を加えたものは、ある数の$\frac{4}{3}$である。それが16であるというのであるから、ある数は、

$$16\div\frac{4}{3}$$

$$=16\times\frac{3}{4}$$

$$=12$$

である」と答えるでしょう。

また中学生であれば、ある数を x として、

$$x+\frac{1}{3}x=16$$

$$\frac{4}{3}x=16$$

$$x=12$$

と、答えるにちがいありません。

しかしアーメスのパピルスには、

「ある数を3と仮定すれば、ある数とその $\frac{1}{3}$ を加えたものは4となる。ところが、それはじっさいには16であって4の四倍である。したがってある数は、仮定した3の四倍の12である」

といううまい解法がのっています。この方法は仮定法と呼ばれているものです。

円周率を知っていた

アーメスのパピルスには、そのほか、三角形の面積、ピラミッドの体積の求め方などがのっていますが、とくに興味があるのは、円の面積の求め方でしょう。それは、

「円の面積を求めるには、直径からその$\frac{1}{9}$を引いて自乗すればよい」となっています。

この方法で、半径1の円の面積を求めてみましょう。直径2からその$\frac{1}{9}$を引けば$\frac{16}{9}$ですから、それを自乗すると、

$$\left(\frac{16}{9}\right)^2 = \frac{256}{81} = 3.1604\cdots$$

になります。ところが、半径1の円の面積はちょうど円周率に等しいわけです。ですから、エジプトの人たちは、円周率を三・一六〇四…と考えていたということになります。

2　バビロニアの数学

イランの高原に立つ岩の文字

さて、チグリスとユーフラテスの両河にはさまれた部分は、むかしメソポタミア(川のあいだの土地という意味)と呼ばれていました。いまのイラクです。ここにはいまから五千年まえにスメリア人が住んでりっぱな文化をつくっていましたが、それから千年後に、バビロニア人がここに移り住み、その文化はバビロニア人に受け継がれました。エジプトの人たちがパピルスを用いたのに対し、この地方の人たちは、粘土板の上に棒の先で文字を書きとめていました。

さて、いまのイラクの隣国イランのエルブールズ山脈の南にベッヒスタンという小さな村があります。むかしは文化の栄えた土地と思われますが、いまでは隊商が一休みする小さな町にすぎません。

このベッヒスタンのまわりは一面の高原ですが、その高原のまん中に一つの大きな岩があり、その岩には、一面になにか細かいものが彫られていました。土地の人たちは、これはむかし神さまが彫りつけた神秘な文字だと思っていました。しかし、イギリスの軍人ヘンリー＝ローリンソンは、古代バビロニア人が彫りつけたものであると信じ、その碑文を写しとり、それを十数年間の研究のすえに判読しました。それが、一八四六年に王立アジア協会から出版された「ベッヒスタンの碑文に関する翻訳」です。

そこに現われる数字を左に紹介してみましょう。

数字を表わす楔形《くさびがた》の記号

まず1は、一つの楔形の文字、𒁹で表わされます。そして2、3、4、……9を表わすには、これをその数だけ並べて表わすのは、エジプトの人たちと同じです。

つまり、

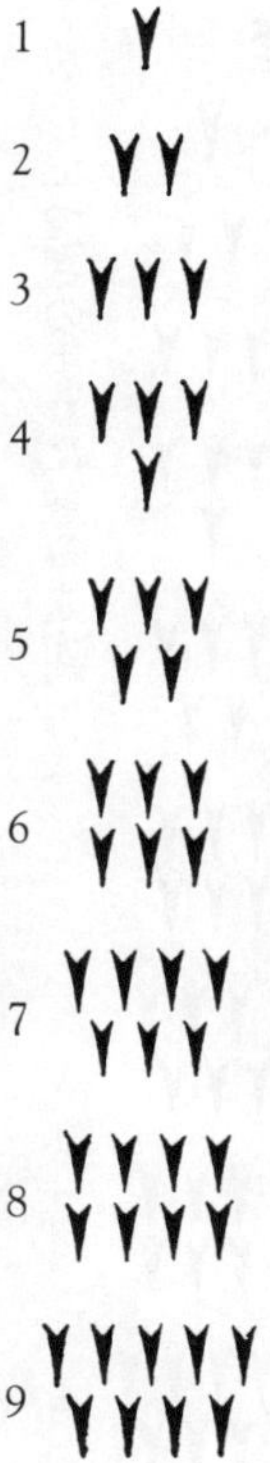

という調子です。こうして10になると、こんどは𒁹を横にして、

とし、そしてつぎのように進みます。

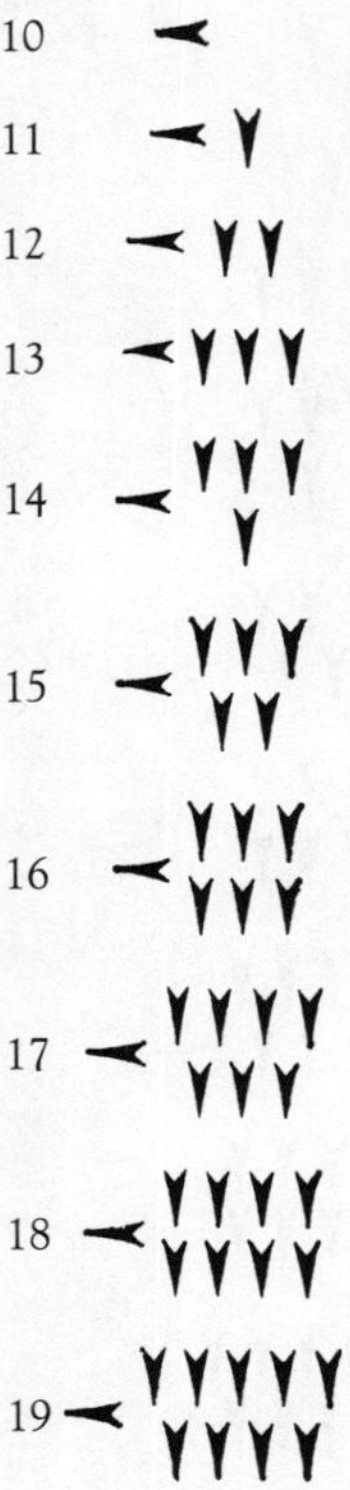

そして20からさきは、

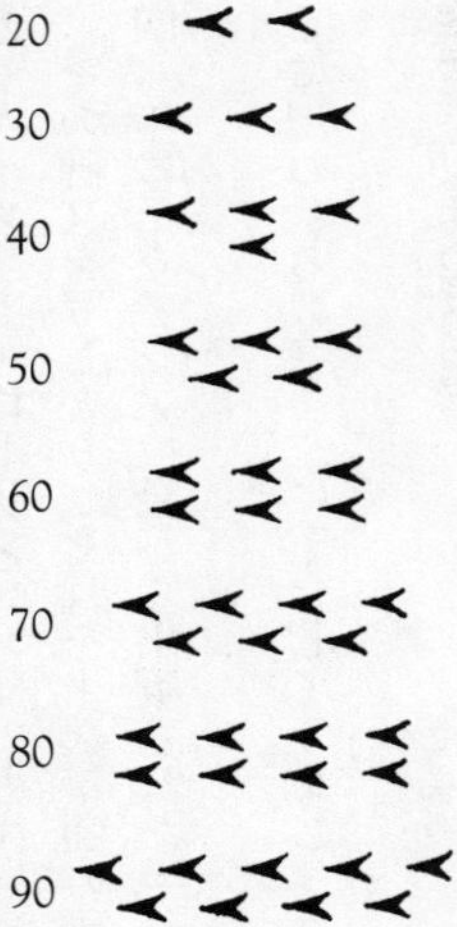

です。

こうして100になると、こんどは、

という配置になります。おわかりでしょうが、これは明らかに、十進法に基づいた記数法です。

8×8は1と4

ところで、このバビロニアの記録には、つぎのようなおもしろい掛け算の表がのっています。

1×1＝1
2×2＝4
3×3＝9
4×4＝16
5×5＝25
6×6＝36
7×7＝49
8×8＝1.4
9×9＝1.21
10×10＝1.40
11×11＝2.1
12×12＝2.24
13×13＝2.49
14×14＝3.16
15×15＝3.45
……

7と7を掛けた49まではあたりまえですが、8と8を掛けた答えは1と4であるというのが、この表の変わっているところです。そのつぎの9と9を掛けた答えは1と21である……という調子で、そこからあとはすべて変わっています。

十進法と六十進法との併用

8と8を掛ければ64ですから、1と4という答えの1は60と考えなければなりません。また、9と9を掛けた答え81が1と21であるとすると、この1もやはり60だと考えられます。

以下も、1は60を意味し、したがって2は60の二倍を、3は60の三倍を意味すると考えれば、みんなつじつまが合います。

ということは、バビロニアの人たちは、数を数えるのに十進法を用いていたことは確かですが、この十進法とともに、60になるとそれで一まとめと考える六十進法も併用していた、ということになります。

では、60になるとそれで一まとめと考えるこの奇妙な方法はどこからきたのでしょうか。これに対してはつぎのような想像がなされています。

60という数を大事にする

まず、バビロニアの人たちは、一年を三百六十日と考えていました。そこでこの一年を、一点のまわりの一回転、または、円周全部で表わしていたのです。また、一点を中心として、ある半径で円を描き、つぎに、この同じ半径で円周をつぎつぎと切ってゆけば、ちょうど六回目にもとにもどることをよく知っていました。そこで、この全円周の$\frac{1}{6}$、つまり360の$\frac{1}{6}$、60をたいせつな数と考え、その60で一区切りという、六十進法も併用するようになったのであろう、というのです。

現在、一回転を三百六十度、一度を六十分、一分を六十秒として角を測ってゆく測り方は、これから出たものと思われます。

1, 3, 5, 7, 9, ……

1, 2, 4, 8, 16, ……

等差数列と等比数列

バビロニア人の考えたもう一つの大事な事柄は、等差数列と等比数列でした。

あなたは上の二つの数の列が、どんな規則によって並んでいるか、すぐおわかりでしょう。第一のそれは、最初の1につぎつぎと同じ数2を加えていってできた数の列であり、第二のそれは、最初の1に、つぎつぎと同じ数2を掛けていってできた数の列です。

一般に、一定の規則にしたがって並んでいる数の列を数列と呼ぶわけです

$$
\begin{array}{r}
1+3+5+7+9+11+13+15+17+19\\
19+17+15+13+11+9+7+5+3+1\\
\hline
\underbrace{20+20+20+20+20+20+20+20+20+20}_{10\text{個}}
\end{array}
$$

$=20\times10=200$

等差数列の和は，$200\div2=100$

が、最初の数につぎつぎと同じ数を加えてえられる数の列を等差数列といい、このばあいの最初の数を初項、加えてゆく同じ数を公差といいます。もしこの数の列に最後の数があれば、それを末項といいます。また、最初の数につぎつぎと同じ数を掛けてえられる数の列を等比数列といい、このばあいも最初の数は初項、掛けてゆく一定の数が公比、そして最後の項は末項です。

前にあげた例では、第一の数列は、初項が1、公差が2の等差数列であり、第二の数列は、初項が1、公比が2の等比数列です。また等差数列のことを算術数列、等比数列のことを幾何数列ということがあります。

等差数列の和

ところであなたは、このような等差数列を、最初からあるところまで加えたものを計算するのには、初項と末項を足した数に、項の数を掛けて2で割ったものを計算すればよい、

等比数列の和

1＋2＋4＋8＋16＋32＋64＋128＋256＋512

その2倍

2＋4＋8＋16＋32＋64＋128＋256＋512＋1024

したがって等比数列の和は，1024−1

すなわち　1023

ということを知っていますか。

それを、まえに例にあげた等差数列で証明してみましょう。

1から始めて、それにつぎつぎと2を加えていってできる等差数列を、1、3、5、7、……と、たとえば十番目の19まで加えたものを求めるとします。それには、まえのページの式のように、この等差数列と、その順番を逆にしたものとを縦に加えます。そうすると、いずれも20になり、その20が十個できます。したがって答えは、その20の十倍を2で割った100ということになります。

等比数列の和

それなら、等比数列を、最初からあるところまで加えたものを計算する方法はどうでしょうか。

たとえば、1から始めて、それにつぎつぎと2を掛けていってできる等比数列を、1、2、4、8、……と、十番目の

512まで加えたものを求めるには、それと、それを二倍したものを、上掲の式のように、一つずらせて書き、その二倍からもとのものを引くと、最後の512を二倍したものから最初の1を引いたものが出ます。もとの二倍からもとのものを引けば、それはもとのものに等しいから、これで簡単に答えが出てしまうわけです。

つまり、この等比数列の和は、その末項512に2を掛けて初項1を引いたものである、ということになります。

3　ターレス

頭文字を使うギリシアの数字

さて、エジプトと地中海をへだてた対岸のギリシアは、気候が温暖で住みよく、またエジプトやバビロニアとの交通も便利であったので、これらの文化をいち早くとり入れ、紀元前一、二世紀のころ、すでに立派な文化をもっていました。

このギリシアの数字は、エジプトの数字と同じように、まず1から4までは棒をその数だけ並べて、

1　|
2　||
3　|||
4　||||

とします。そのつぎに5になると、こんどはギリシア文字で5を意味することばの頭文字𐅃を使います。そして、

5　𐅃
6　𐅃|
7　𐅃||
8　𐅃|||
9　𐅃||||

と進んでゆきます。

𐅃とΔとで𐅄（50）

ついで10になると、やはりギリシア語で10を意味することばの頭文字をとってΔという記号を採用します。そして、

10 △
11 △ |
12 △ ||
13 △ |||
14 △ ||||
15 △ᒥ
16 △ᒥ |
17 △ᒥ ||
18 △ᒥ |||
19 △ᒥ ||||

と進んでゆきます。20からさきは、もちろん、

20 △△
30 △△△
40 △△△△

ですが、50になると、△がᒥという意味で、◸という記号をつくります。そして、

50 ◸
60 ◸△
70 ◸△△
80 ◸△△△
90 ◸△△△△

と進みます。

つまり五進法と十進法の併用

さて100になると、またギリシア語で100を意味することばの頭文字Hを採用します。

つまり、

100	H
200	HH
300	HHH
400	HHHH

です。そうして、500は、Hが𐅃と考えて𐅅という記号をつくり、

500	𐅅
600	𐅅H
700	𐅅HH
800	𐅅HHH
900	𐅅HHHH

とします。これを要するに、ギリシアの数字は、やはり五進法と十進法の併用であるということになります。

西洋哲学の祖、ギリシア数学の父

さて、ギリシアのうち、小アジアのイオニアは、とくにエジプト・バビロニアとの交通が盛んで、いちばん早くギリシア文化が開けてゆきました。このイオニア学派の学者として、まず第一にあげなければならない人は、西洋哲学の祖、ギリシア数学の父、ギリシア七賢人のひとりといわれたターレスです。

さきに述べたエジプトとバビロニアの数学は、いわば経験的な知識の集まりにすぎませんが、これらを学んだターレスは、それらに理論的な考察を加えて、学問の形に組み立てるとともに、それらの結果を、さらに実用問題に応用してゆきました。以下に、ターレスの発見したいくつかの定理をあげてみましょう。

二等辺三角形の両底角は相等しい

まず、有名な、

「二等辺三角形の両底角は相等しい」

という定理。これはターレスが発見し、その証明をあたえたものです。つまり、左の三角形ABCで、もしABとACの長さが等しかったならば、角Bと角Cも等しい、ということです。

ABとACが等しければ、角Bと角Cが等しいというのは、図をかいてみればまったくあたりまえのことと思えますが、ターレスは、その理由を見事に説明しました。つまりその証明をあたえたわけです。

すなわちターレスは、三角形ABCと、それを裏返した三角形ACBとを重ね合わせることを試みます。角Aは、裏返しても大きさは同じです。したがって、角Aは裏返した角Aに重なります。また、ABとACは同じ長さですから、ABとACは重なります。同じようにACとABも重なります。したがって、角Bは角Cに重なり、角

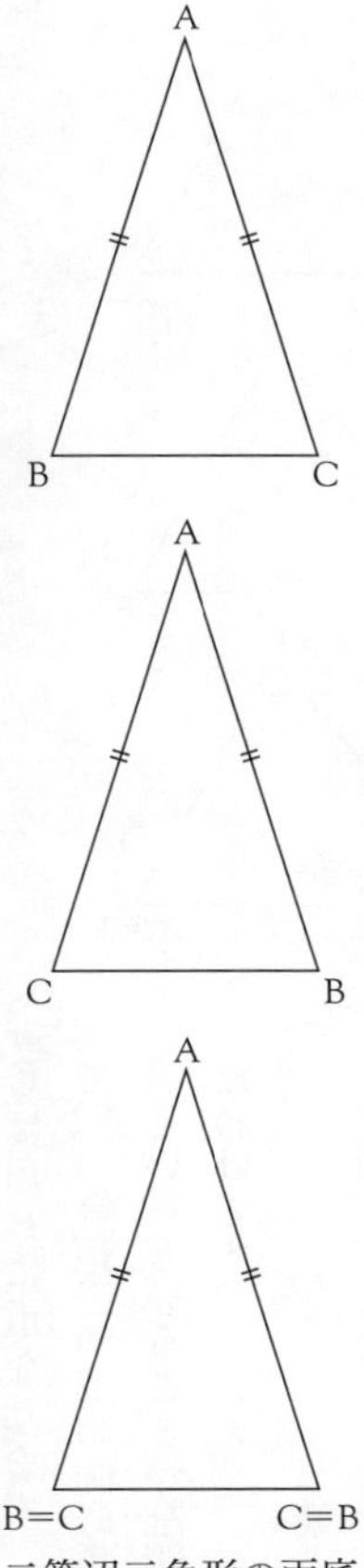

二等辺三角形の両底角は相等しい

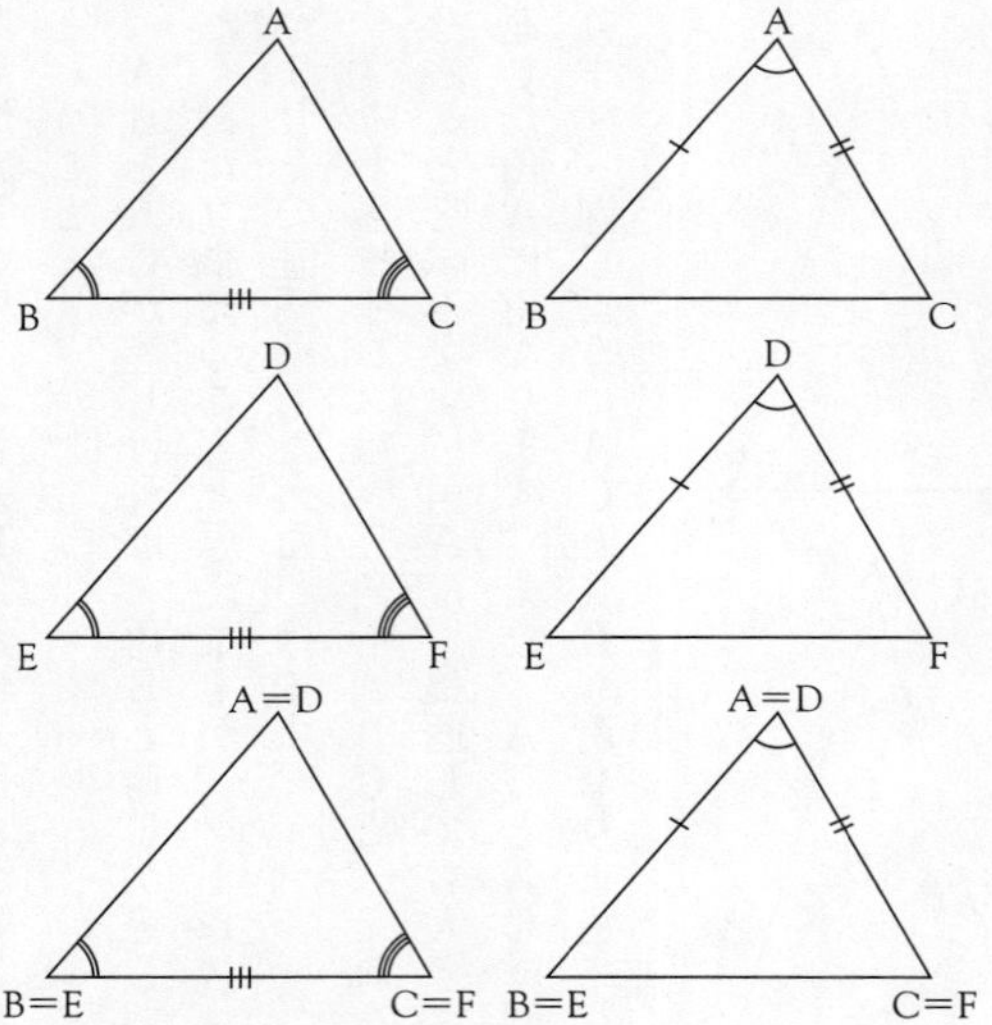

三角形の合同

Cは角Bに重なります。これで、二等辺三角形の両底角は相等しい、ということが証明されたわけです。

合同ということ

さて、あなたもよくご存じの、

「一組の夾角《きょうかく》と、それをはさむ二組の辺が等しい二つの三角形は合同である」

「一組の辺と、それをはさむ二組の角が等しい二つの三角形は合同である」

という定理も、やはり、ターレスによって証明されました。

これらのばあい、二つの三角形をまったく重ね合わすことができることは、前ページの図を見ればすぐわかりましょう。このように、まったく重ね合わすことのできる二つの図形を、合同といいます。あなたは、これらのことをはじめて習ったとき、なんだあたりまえではないか、という印象をもたれたかもしれません。事実、あたりまえのことなのですが、そのあたりまえのことの正しいことを証明し、それを応用した点にターレスの功績があります。ターレスの示した応用をつぎに紹介してみましょう。

池をはさんだ二地点間の距離

いまAとBという二つの点のあいだの距離を測りたいのですが、そのあいだに池があって、直接測ることはできないとします。

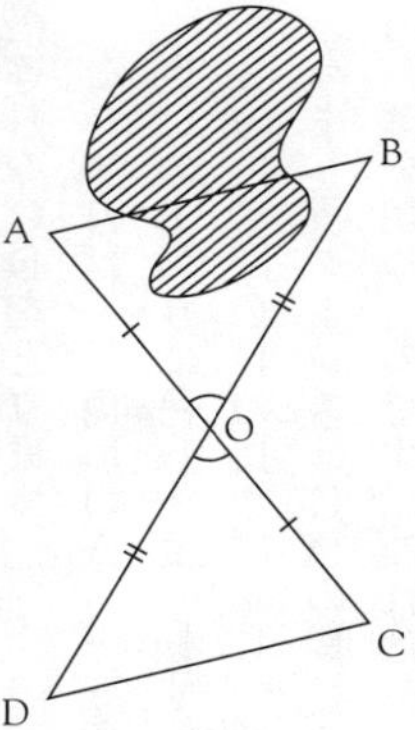

このようなばあい、ターレスはまず、AもBも見通すことのできるような点Oをとり、AOを結ぶ直線をひいて、それをOの方向へ延長し、その線上に、AOの長さに等しくOCをとります。また、BOを結ぶ直線をひいて、それをOの方向へ延長し、その線上に、BOの長さ

に等しくODをとります。

こうすれば、三角形OABと三角形OCDとは合同です。なぜなら、三角形OABを点Oのまわりに百八十度回転すれば、三角形OCDに重なるからです。ですから、ABの長さはCDの長さに等しいわけです。

つまり、ターレスはCDの長さを測ることによって、直接測ることのできないABの距離を知ったのです。これは第一の合同の定理の応用といえます。

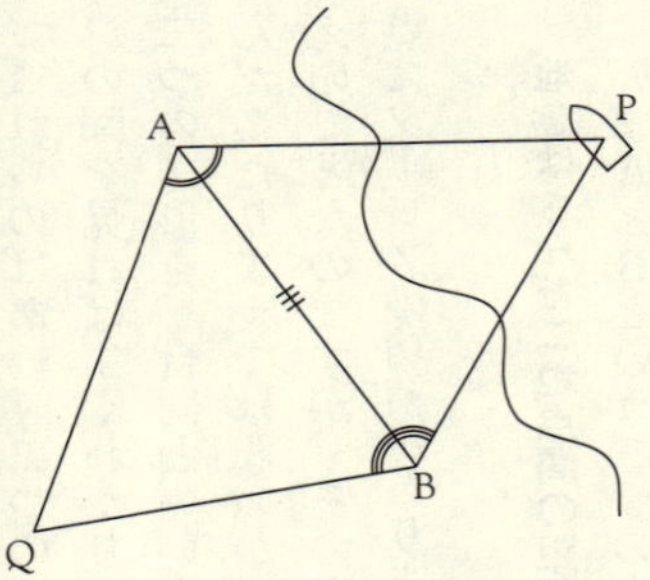

陸上から船までの距離は

さて、つぎは、Aという陸上の点と、Pという船までの距離を測ろうというばあいです。

それにはまず、陸上に、AとPを見通すことのできる点Bをとります。そこで角BAPを測って、これと等しい角BAQを点Pの反対側につくります。また角ABPを測って、これに等しく角ABQを、これまた点Pの反対側につくります。

こうしてできた三角形QABと三角形PABとは、

ABを折り目として折り返せば、重なりますから合同です。したがってAPの長さはAQの長さに等しいので、APの代わりにAQの長さを測れば、AP間の距離がわかるわけです。これは第二の合同の定理の応用といえます。

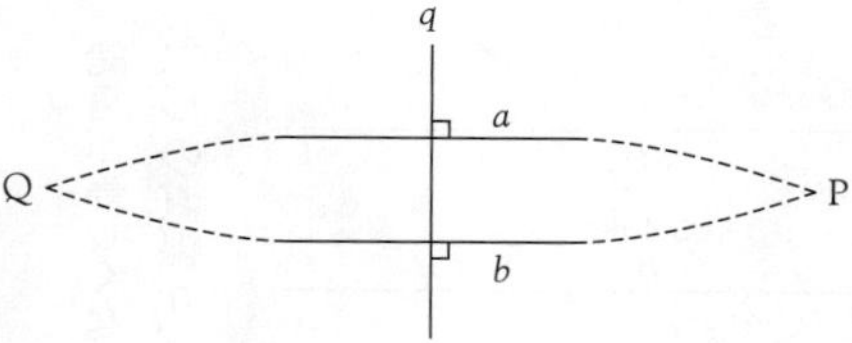

平行な二直線は交わらない

さらにターレスは、平行線のこともよく知っていたと思われます。これはまったくわたくしの想像ですが、ターレスは、ある一つの直線qに垂直な二つの直線a、bを、「平行な二直線」と定義したのではないかと思うのです。

このような二直線a、bは、いくら延長しても交わることはありません。というのは、もしa、bがたとえば右方へ延長していったときに、点Pで交わったとすれば、この図を直線qを折り目として折り返してみればわかるように、これらの二直線a、bは左方の一点Qでも交わることになります。ところがこれは、P、Qという二つのちがう点を通ってa、bという二つの直線がひけることになって矛盾するからです。

錯角が等しくなるばあい

二つの直線a、bに第三のある直線gが交わっているとき、図のα、βとは互いに錯角といいますが、ターレスはさらに、

「二直線に第三の直線が交わってつくる錯角が等しければ、最初の二直線は平行である」

「平行な二直線に第三の直線が交わってつくる錯角は互いに等しい」

という二つの事実も知っていたと思われます。

そしてこれらを使えば、有名な、

「三角形の三つの内角の和は二直角である」

という定理を証明することができます。

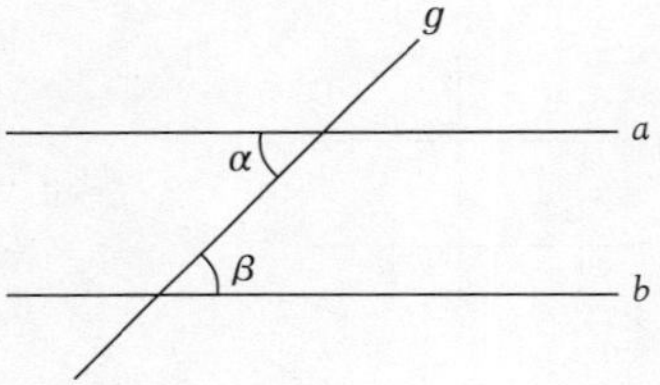

三角形の内角の和はなぜ二直角か

では、一つの三角形ABCの一つの頂点Aを通って辺BCに平行な直線PQをひいてごらんなさい。

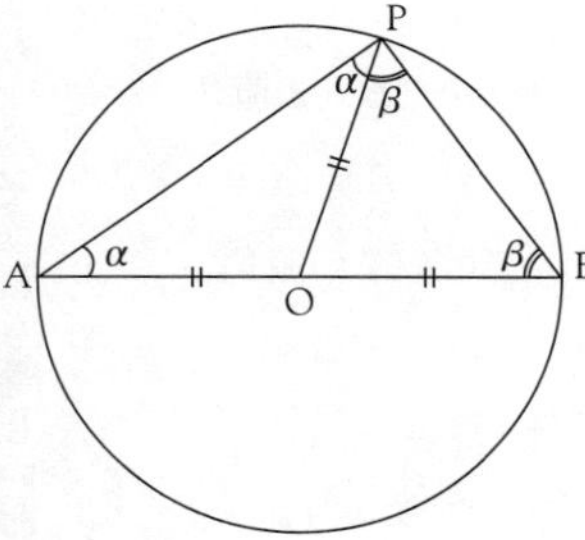

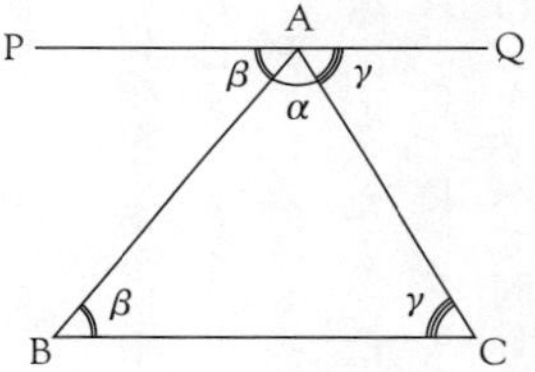

そうすると、角PABはその錯角ABCに等しく、また角QACはその錯角ACBに等しいので、三角形ABCの三つの内角α、β、γは点Aのところに集まって一直線をなします。したがってそれらを加えたものは二直角に等しいわけです。

このことを使ってターレスは、さらにつぎのようなおもしろい事実を発見しました。それは、一つの円の直径をABとし、この円周上に勝手な点Pをとれば、角APBはいつも直角である、ということです。

角APBはなぜつねに直角か

ABは直径ですから、円の中心Oを通っています。OA、OB、OPはいずれも半径ですから、すべて等しいわけです。

ですから、三角形OPAも、三角形OBPも二等辺三角形であり、したがって、それぞれの両底角αどう

しも、βどうしも等しいわけでしょう。ところが、三角形の内角の和は二直角ですから、

$$2\alpha + 2\beta = 2\text{直角}$$

$$\alpha + \beta = \text{直角}$$

$$\text{角 APB} = \text{直角}$$

となるのです。

互いに相似である図形

さらにまた、ターレスは、比例というものを考えた最初の人でもあります。そのために、ターレスは「比例の神さま」とも呼ばれています。

ある図形、たとえば五角形ABCDEがあります。一つの点Oをとって、Oと、A、B、C、D、Eを結ぶ直線をひき、それぞれの直線上に、OA、OB、OC、OD、OEをすべて同じ比に拡大または縮小して、OP、OQ、OR、OS、OTをと

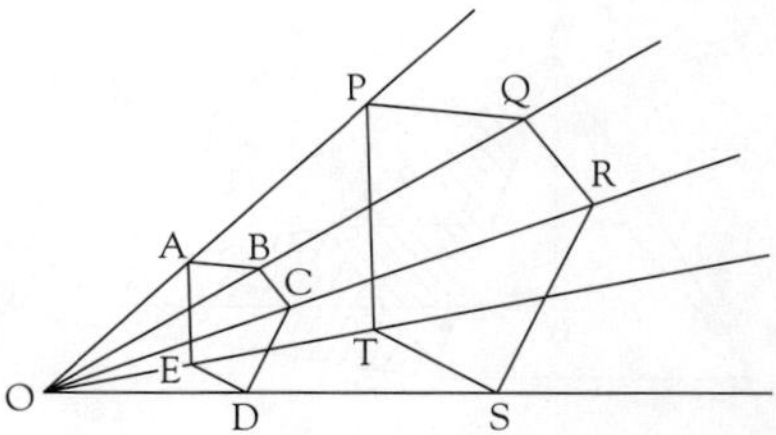

ります。ついで、P、Q、R、S、Tを結べば新しい五角形PQRSTができます。このとき、「五角形ABCDEと五角形PQRSTとは、Oを中心として相似の位置にある」といいます。このばあい、二つの五角形の、対応する辺はすべて平行であり、対応する辺の長さの比は、すべて等しくなっています。

一般に、「ある点を中心として相似の位置におくことのできる二つの図形は、互いに相似である」といわれます。

ピラミッドの高さを測る

二つの三角形は、対応する辺が平行であるようにおくことができれば、それらは相似であって、対応する辺の比はすべて等しくなります。

ターレスがこのことを利用して、棒切れ一本で、ピラミッドの高さを測ったというのは有名な話です。

どうしたかというと、まずピラミッドの頂点をA、Aからその底辺に下した垂線の足をB、ある瞬間におけるAの影をCとします。また、この瞬間に、地面に垂直に立

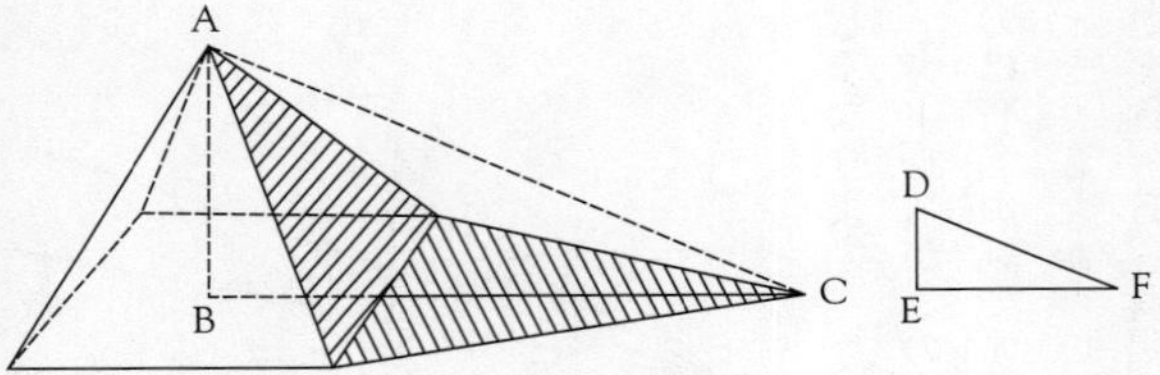

てた棒ＤＥの影の先端をＦとします。

そうすると、三角形ＡＢＣと三角形ＤＥＦは、対応する辺がすべて平行になっていますから、これら二つの三角形は相似です。

したがって、

$$\frac{AB}{BC}=\frac{DE}{EF}$$

ですが、ここにＢＣ、ＤＥ、ＥＦはすべて測ることができますから、ＡＢ、つまりピラミッドの高さはすぐわかるわけです。

4　ピタゴラス

あの有名な定理の発見者

イオニア学派の学者としてターレスのつぎにあげなければならないのはピタゴラス（紀元前五八二―四九三年）でしょう。ピタゴラスはイオニアのサモス島に生まれ、エジプトとバビロニアの両方へ留学したといわれています。長い留学から帰国して故郷サモス島に学校を開きましたが、これは成功せず、のち、イタリア南部のクロトンに学校を開いて、ここで一生、研究と教授の生活を送りました。

ピタゴラスについてまず述べなければならないのは、やはり、有名なピタゴラスの定理でしょう。

まえに述べたエジプトのなわ張り師たちは、広い地面の上に直角をつくるのに、なわでその三辺の割合が3、4、5となるような三角形をつくっていました。

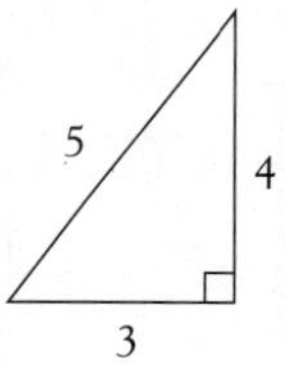

このばあい、5という長さの辺と向かい合った角が直角になるのです。

またバビロニアの人たちも、その三辺の割合が5、12、13になるような三角形をつくっていました。

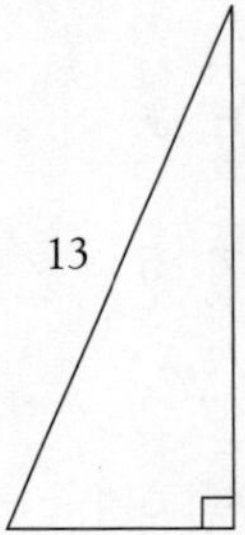

このばあいは13という長さの辺に対する角が直角になるのです。

直角三角形の定理 $a^2+b^2=c^2$

ピタゴラスはエジプトにもバビロニアにも長く留学したのですから、右のような方法は学んだにちがいありません。ところでピタゴラスは、この3、4、5という一組の数のあいだにも、5、12、13という一組の数のあいだにも、

$3^2+4^2=5^2$

$5^2+12^2=13^2$

という関係のあることに着目しました。そして、もし三角形の三つの辺の長さa、b、cのあいだに、

$$a^2+b^2=c^2$$

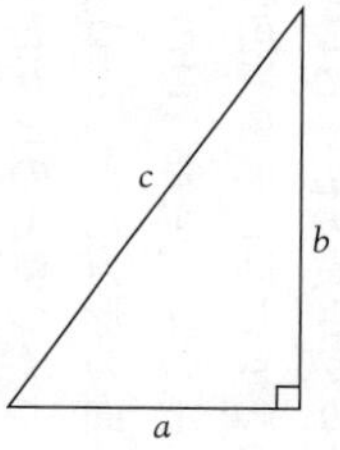

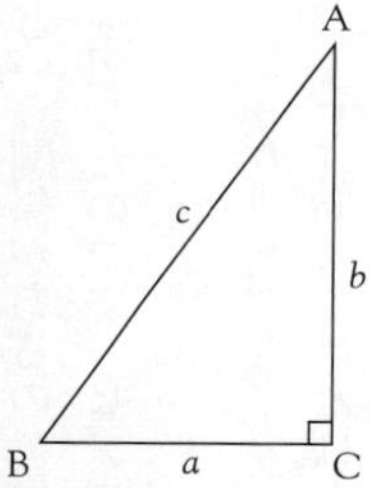

という関係があったならば、辺cと向かい合った角は直角になるのではないかと想像しました。あるいは、角Cが直角であるような直角三角形ABCの、直角をはさむ二辺の長さをそれぞれa、b、直角と向かい合った辺、すなわち斜辺の長さをcとすれば、a、b、cのあいだには、

$$a^2+b^2=c^2$$

という関係があるのではないかと想像しました。そして、事実この関係があることを証明したのです。ピタゴラスの考えた証明はつぎのようなものだといわれています。

$a^2+b^2=c^2$はこうして成り立つ

まず証明しなければならないのは、直角をはさむ二辺aとbの自乗の和、すなわちaとbとの上につくった二つの正方形の面積の和が、斜辺cの自乗、すなわちcの上につくった正方形の面積に等しい、ということです。

そこでまず、aの上の正方形とbの上の正方形の図を抜き出して、それに、もとの直角三角形と同じものをほかに三つ、全部で四つを③図のようにはめこんでみると、ここに一辺の長さがaとbを加えた長さの正方形がえられます。

つぎに、cの上の正方形の図を抜き出して、それと、もとの直角三角形と同じものをほかに三つ、全部で四つを⑤図のようにはめこんでみると、ここに、やはり一辺の長さがaとbを加えたものに等しい正方形がえられます。

こうして③図と⑤図とを照合するとわかるように、a^2とb^2を加えたものに、さらに直角三角形四つを加えたものと、c^2に直角三角形四つを加えたものは等しくなりますから、

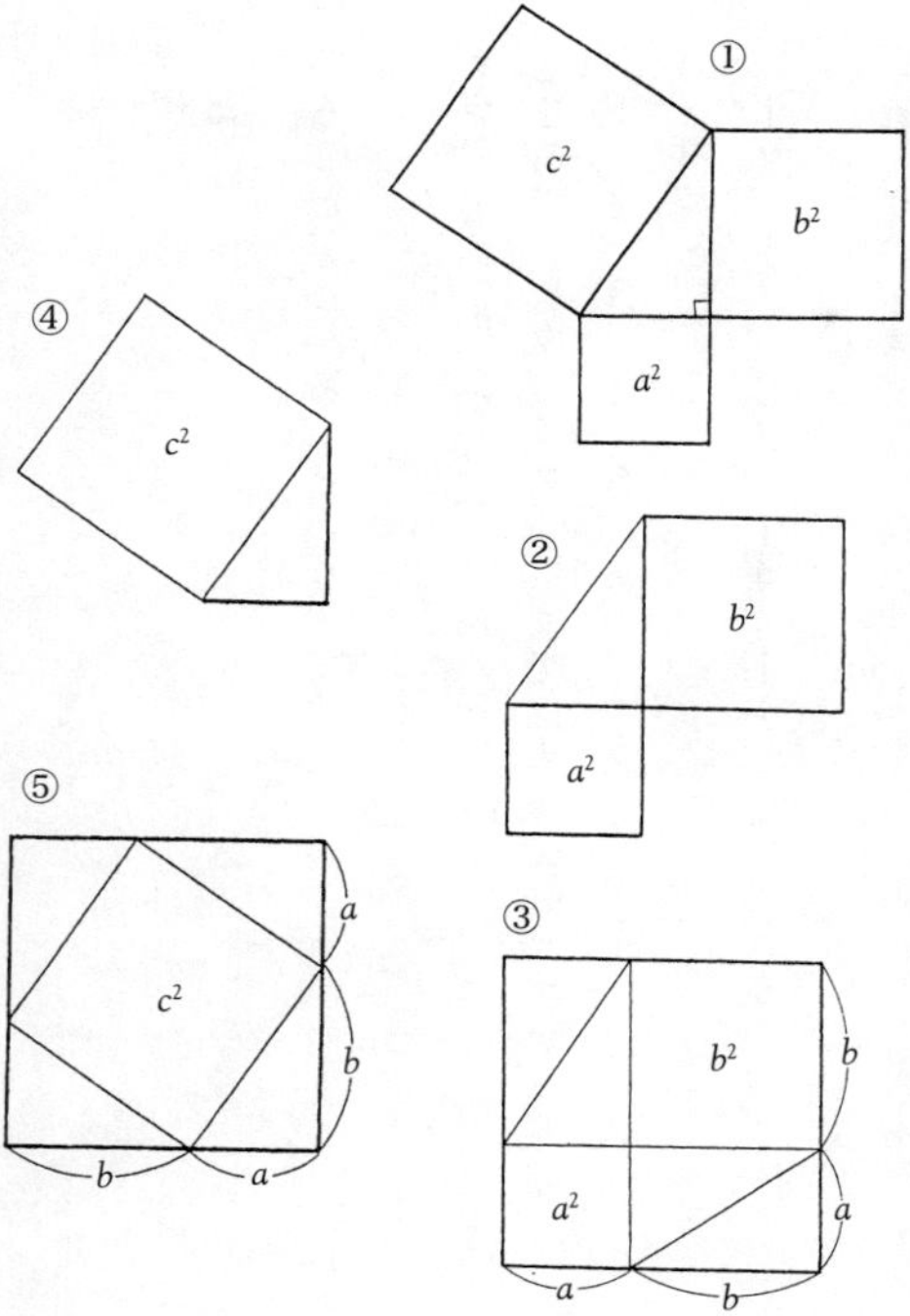
①
c²
b²
a²
④
c²
②
b²
a²
⑤
a
c²
b
b
a
③
b²
b
a²
a
a
b

$$a^2+b^2=c^2$$

であることがわかる、というのです。

ピタゴラス以前の数知識

ところで、ピタゴラス時代までに人々の知っていた数は、

1、2、3、4、5、6、7、……

という整数と、

$\frac{1}{2}$、$\frac{1}{3}$、$\frac{2}{3}$、$\frac{1}{4}$、……

という分数とでした。

整数も、

$\frac{1}{1}$、$\frac{2}{1}$、$\frac{3}{1}$、$\frac{4}{1}$、$\frac{5}{1}$、……

と考えれば、これらはやはり分数の特別なばあいと考えることもできます。

ところで分数、たとえば$\frac{3}{8}$は、3対8という比を表わしているとも考えられます

から、分数というのは、整数と整数の比の形に書くことのできる数であるともいえます。

したがって、分数を総称して、英語では、ratio-nal（比＝になる）number（数）と呼んだわけですが、わが国ではこれを有理数と訳しています。

循環小数が出てくるわけ

さて、分数、すなわち有理数は、これを小数に直せば、有限のところで終わるか、有限のところで終わらなければ、かならず循環するものです。

たとえば$\frac{3}{8}$を小数に直せば、それは小数点以下三けたで終わってしまいます。しかし$\frac{2}{7}$を小数に直せば、小数点以下285714という数字の組が循環する小数がえられます。これはなぜでしょうか。

それは、たとえば2を7で割っていけば、それぞれの段階で、残りはもちろん割る数7よりは小さくなくてはなりません。したがって、割り算をつづけてゆけば、いつかはまえに一度出たのと同じ残りが出てくるわけです。ですからそこからさきは、まえと同じ割り算をくり返すことになります。つまり答えは循環小数になるわけなのです。

$$\frac{3}{8}=0.375$$

$$\frac{2}{7}=0.2857142857142\cdots\cdots$$

さて、一辺の長さが1である正方形を考えて、その一つの対角線をひけば、正方形は二つの直角三角形に分けられます。いま、この対角線の長さをxとすれば、ピタゴラスの定理によって、

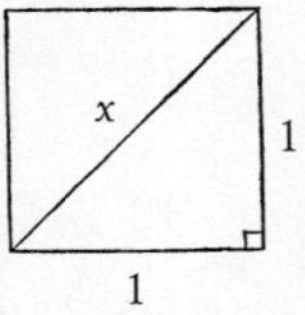

$$1^2+1^2=x^2$$

$$x^2=2$$

となります。すなわち、xは、自乗すれば2となるような数です。これを平方根2、すなわち$\sqrt{2}$と呼ぶことはあなたもご存じでしょう。

$$\sqrt{2}=1.41421356\cdots\cdots$$

$\sqrt{2}$は有理数以外の数と知る

そこでピタゴラス学派の人たちは、$\sqrt{2}$を、分数または小数で表わそうとしましたが、それは分数で表わすことも、有限小数で表わすことも、無限循環小数で表わすこともできませんでした。すなわち$\sqrt{2}$は、上のように、無限につづくにもかかわらず、循環しない小数であることがわかったのです。ピタゴラス学派の人

たちは、ここにはじめて、整数と整数の比の形に表わされない数、すなわち有理数以外の数にぶつかったわけです。このような数は、現在、無理数と呼ばれています。

黄金分割の点の位置を発見

ところで、ピタゴラス学派の人たちは、その学派の表象として、上の図のような、星形正五角形を使っています。これは彼らが、正五角形の正しい描き方を知っていたことを意味します。

さて、一つの正五角形ABCDEの二つの対角線ACとBEの交点をPとしてみましょう。ピタゴラス学派の人たちは、このとき、

$$BP \cdot BE = PE^2$$

という関係のあることを発見し、これを利用して正五角形の

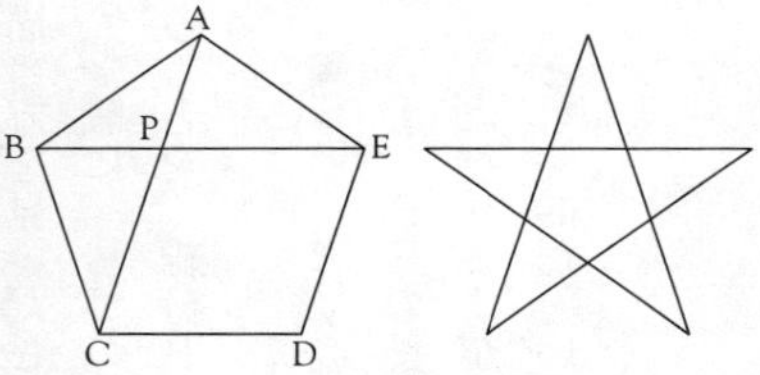

正五角形の描き方

描き方を見いだしたのです。

一般に、一つの線分ＢＥを点Ｐで二つの部分に分けて、右の式が成り立つようにすることを、線分ＢＥを点Ｐで黄金分割するといいます。

美しいと感じる割合

いま、ＢＥの長さを１として、ＢＰとＰＥの割合を計算してみますと、ほぼつぎのようになりますが、一つの線分を二つの部分に分けるには、この割合に分けるのがもっとも美的だといわれています。

BP：PE
＝0.382：0.618

事実、額縁や建物の縦と横の割合には、この比率になっているものが多いといわれ、わたくしたちになじみ深い書物の形も、ほとんどがそうなっています。

タイル張りの問題

ピタゴラス学派の人たちはまた、「タイル張りの問題」というのを研究しました。それは、「同じ形、同じ大きさの正多角形のタイルを使って平面をすきまなく埋めてゆきたい。どのような正多角形を使うべきか」というものです。

この問題を解くためには、まず多角形の内角の和がいくらになるかを知らなければなりません。しかしわたくしたちは、すでに、三角形の内角の和は二直角であることを知っています。

ところが、つぎの四つの図からわかるように、四角形は二つの三角形に、五角形は

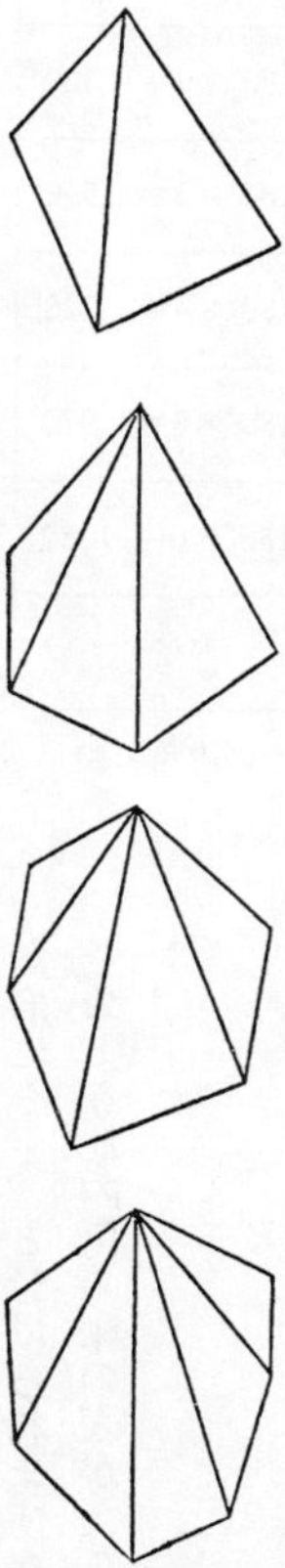

多角形はそれぞれ
三角形に分けられる

正三角形	180°÷3＝ 60°
正四角形	360°÷4＝ 90°
正五角形	540°÷5＝108°
正六角形	720°÷6＝120°
正七角形	$900° \div 7 = 128°\frac{4}{7}$
正八角形	1080°÷8＝135°
⋮	⋮

正多角形の１つの内角

三角形	180°
四角形	180°×2＝ 360°
五角形	180°×3＝ 540°
六角形	180°×4＝ 720°
七角形	180°×5＝ 900°
八角形	180°×6＝ 1080°
⋮	⋮

多角形の内角の和

三つの三角形に、六角形は四つの三角形に……、と分けられますから、上のような内角の和の表がえられます。

それを満足させるものは三種

さて右の表から、正多角形の一つの内角の大きさを知る、左のような表がえられます。

この表からピタゴラス学派の人たちは、

「一点の周囲に、同じ形、同じ大きさの正三角形を六つずつ集めてゆくか、正四角形を四つずつ集めてゆくか、または正六角形を三つずつ集めてゆくかすれば、同形、同大の正多

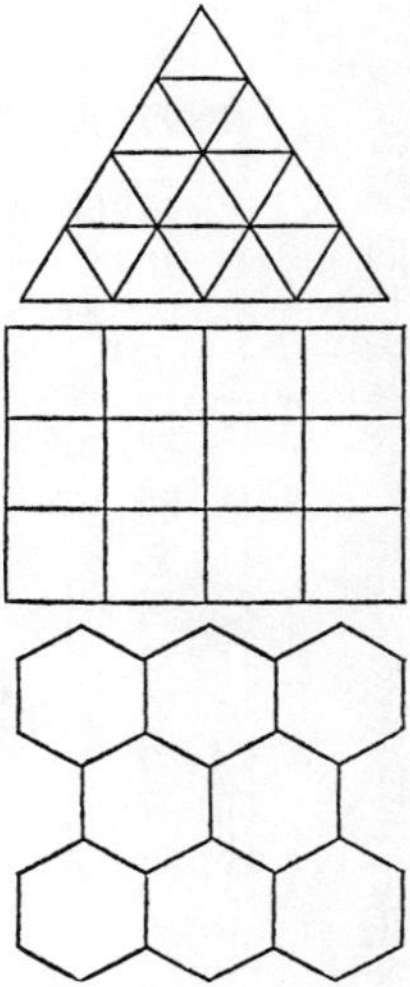

角形のタイルで平面をすきまなく埋めてゆくことができ、それ以外の正多角形では不可能である」という答えを出しています。

新しい正多面体の発見

立体図形にもじゅうぶんの関心を示していたエジプトの人たちは、正多面体については、正四面体・正六面体・正八面体の三つを知っていました。

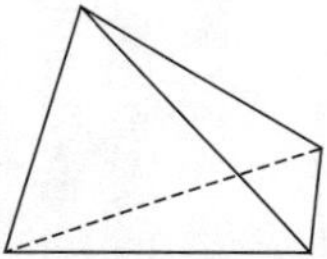

正四面体

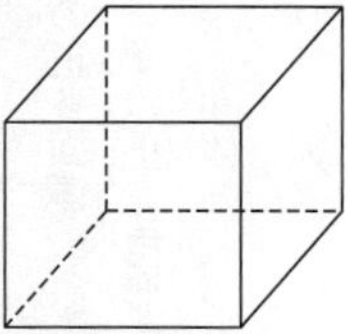

正六面体

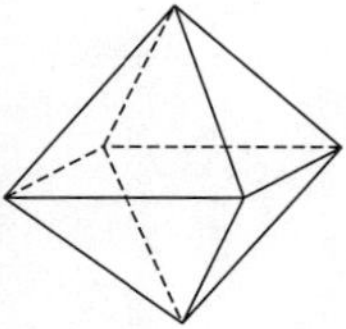

正八面体

ところがピタゴラス学派の人たちは、正多面体というものを組織的に研究して、正四面体・正六面体・正八面体のほかに、正十二面体と正二十面体を発見しました。

正三角形を使って三つの正多面体

彼らはまず、同じ大きさの正三角形を使ってどんな正多面体ができるかを考え、正四面体・正八面体・正二十面体の三つしかありえないことを発見しました。

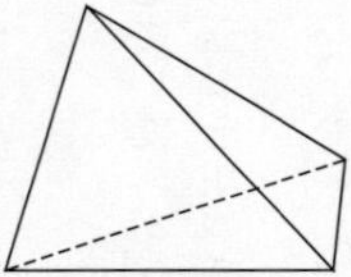

正四面体

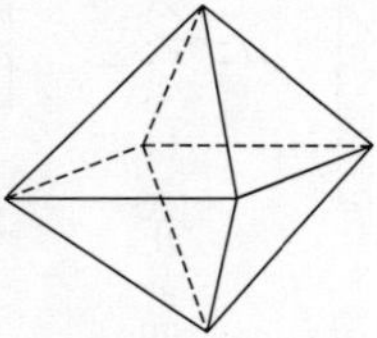

正八面体

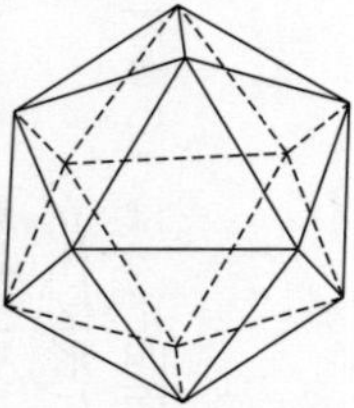

正二十面体

事実、同じ大きさの正三角形ばかりを使って正多面体をつくろうと思えば、一つの頂点のまわりに正三角形を三つ集めるか、四つ集めるか、または五つ集めるかですが、これに対応して、それぞれ正四面体・正八面体・正二十面体がえられるわけです。

つぎに、同じ大きさの正四角形を使って正多面体をつくろうと思えば、一つの頂点のまわりに正四角形を三つ集めるよりほかになく、こうして正六面体がえられます。

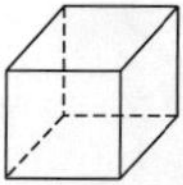

正六面体

つぎに、同じ大きさの正五角形を使って正多面体をつくるには、一つの頂点のまわりに正五角形を三つ集めるよりほかになく、こうして正十二面体がえられます。

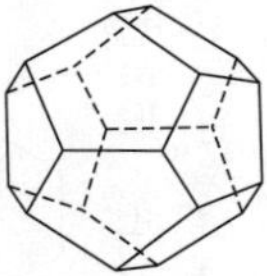

正十二面体

正多面体は全部で五つ

つぎに、同じ大きさの正六角形を使って正多面体をつくろうと思っても、これはむりです。なぜなら、正六角形を一点のまわりに三つ集めると、平らになってしまうからです。

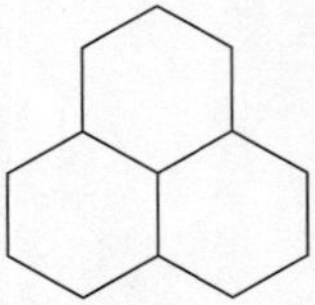

正六角形では……

正七角形・正八角形……を使ってもだめなことは明らかです。

以上でピタゴラス学派の人たちは、正多面体には、正四面体・正六面体・正八面体・正十二面体・正二十面体の五つしかないことを証明したのですが、そのうち、正十二面体と正二十面体は、彼らがこうして新しく発見したものでした。

5 三大難問

ソフィストたちの研究

さてギリシアは、紀元前四八〇年にサラミスの海戦でペルシアを打ち破って以来、ますます隆盛の一途をたどり、その首都アテネは、政治と文化の中心として長く栄えてゆきました。

そのころのアテネの市民は、直接生活に関係のある仕事は奴隷に任せて、自分たちは政治と学問に熱中したので、そのための教養を身につけるのに、ソフィスト、つまり賢者と呼ばれる、職業的な教師を雇いました。

のちには弁論の術をも教えるようになったために、詭《き》弁《べん》学派とも呼ばれているこのソフィストたちは、有名な三大難問を研究しました。

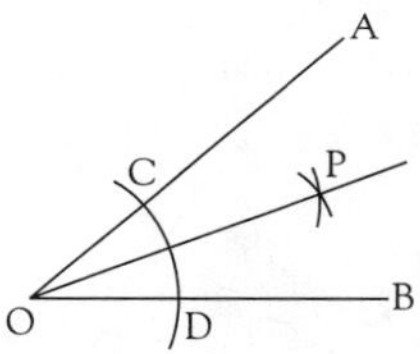

角の２等分

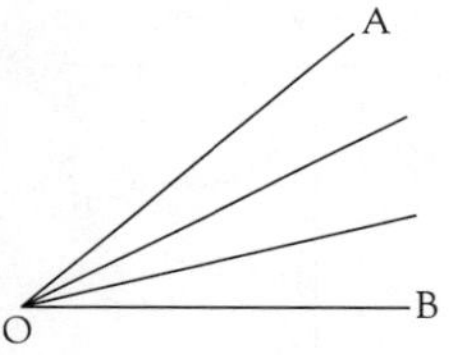

角の３等分

難問の第一は角の三等分

その三大難問の第一は、

「勝手にあたえられた角を三等分せよ」

という問題です。

彼らは、「勝手にあたえられた角を二等分せよ」という問題は、定木とコンパスで難なく解くことができました。すなわち、あたえられた角をＡＯＢとするとき、まず頂点Ｏを中心として適当な半径で円をかき、角の二辺ＡＯ、ＢＯとの交点をそ

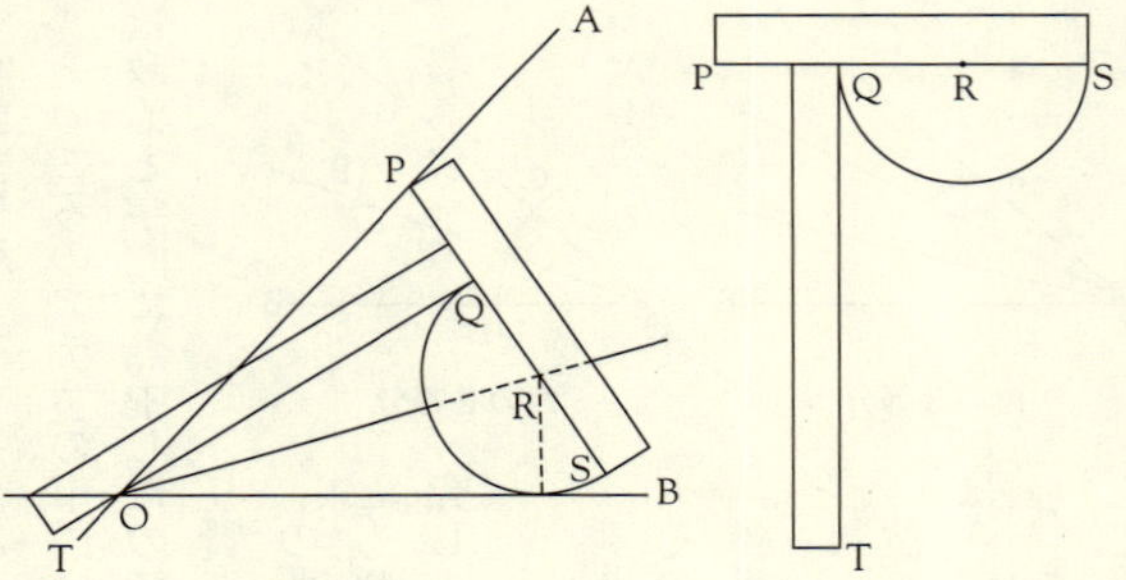

角の３等分

れぞれＣ、Ｄとし、Ｃ、Ｄを中心として適当な半径（ふつうはまえと同じ半径）で円をかき、その交点をＰとすれば、直線ＰＯは角ＡＯＢを二等分することを示したのです。

ソフィストたちは、これに力をえて、あたえられた角を三等分する問題を考えたものと思われますが、彼らの異常な努力にもかかわらず、勝手にあたえられた角を、定木とコンパスで三等分する一般的な方法は、ついに見いだされませんでした。

器械を使った解決

そこで彼らは、角を三等分するための上図右のような器械を考えました。Ｐ、Ｑ、Ｒ、Ｓは等間隔に並んでおり、それに、Ｒを中心、ＲＳを半径とする半円がとりつけられています。またＱＴは、ＰＳに垂直にとりつけられた定木です。

勝手にあたえられた角AOBを三等分するには、点Pが辺AO上に来、定木QTが頂点Oを通り、そして、半円が辺BOに接するようにこの器械をおきます。

そうすれば、左の図でわかるように、直線QOとROとは角AOBを三等分するのです。

第二の難問は……

さて、三大難問の第二は、

「あたえられた立方体の二倍の体積をもつ立方体を作図せよ」

という問題です。

彼らは、「あたえられた正方形の二倍の面積をもつ正方形を作図せよ」という問題は、定木とコンパスでやはり容易に解くことができました。すなわち、あたえられた正方形をABCDとし、その対角線ACの上に正方形ACEFをつくれば、これが、正方形ABCDの二倍の面積をもつわけです。

なぜであるかは、

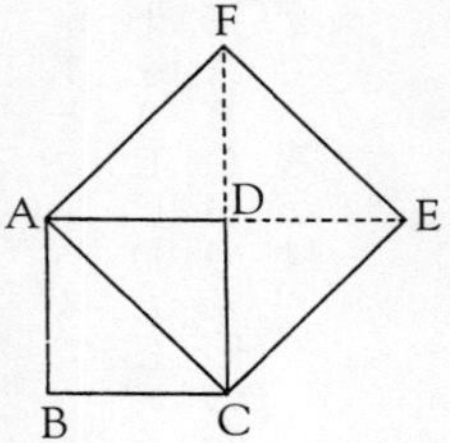

$$
\begin{aligned}
ACEF &= AC^2 \\
&= AB^2 + BC^2 \\
&= 2AB^2 \\
&= 2ABCD
\end{aligned}
$$

によって明らかでしょう。

出題者はギリシアの神アポロン

この調子で、ソフィストたちは、「勝手にあたえられた立方体の二倍の体積をもつ立方体を作図せよ」という問題を考えたにちがいありません。

ところで、この問題についてはつぎのようなおもしろい話が伝わっています。

あるとき、デロスの島に、ひじょうな悪疫が流行し、人々の異常な努力にもかかわらず、この悪疫はますますひろがるばかりでした。

これはきっと神さまの怒りにふれたのであろうと、人々は、光明の神であり、医

術・詩歌・音楽・予言の神であるアポロンの神宣を仰ぎました。そのときのアポロンのお告げは、

「わたしの神殿の前にある立方体の祭壇を、形をそのままにして体積をちょうど二倍にせよ。そうすれば悪疫はたちどころにやむであろう」

というものでした。

そこで人々はこの問題の解法を数学者に相談したのが、この問題の始まりだというのです。ですから、この問題は、立方倍積問題という名のほかに、デロスの問題ともいわれています。

ヒポクラテスの方程式

さて数学者たちは、これも定木とコンパスで解こうとしましたが、やはり、それは不可能でした。

ヒポクラテス（紀元前四五〇年ごろ）は、最初の立方体の一辺をaとすれば、

$$a:x=x:y=y:2a$$

となるようなxとyを見つけることができれば、そのxは、求める立方体の一辺の長さになることに注意しました。事実、前ページの比例式から、

$$x^2 = ay$$
$$y^2 = 2ax$$

という二つの式がえられますが、これからさらに、

$$x^4 = a^2y^2 = 2a^3x$$

したがって,

$$x^3 = 2a^3$$

がえられるからです。

しかしヒポクラテスは、やはりこのようなxとyとを、定木とコンパスで作図することはできませんでした。彼は、あとでお話するグラフを使ってこの問題を解いたのです。

第三の難問は……

三大難問の最後の問題は、
「あたえられた円と同じ面積をもつ正方形を作図せよ」
という問題です。これは円積問題と呼ばれています。

どんな円においても、その周囲の長さと直径の長さとの比は一定であって、この一定の値は円周率と呼ばれることはよく知られています。したがって、円周の長さをl、半径の長さをr、円周率をπ《パイ》で表わせば、

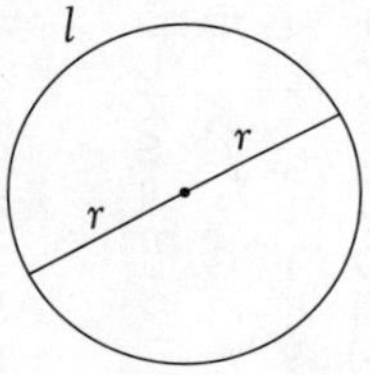

$$\frac{l}{2r}=\pi$$

$$l=2\pi r$$

です。

他方、半径rの円の面積Sは、

$$S = \pi r^2$$

であたえられることもよく知られています。いまこの事実を証明してみましょう。

どうして$S = \pi r^2$か

まず、あたえられた円を、その半径でなるべくたくさんの部分に分割します。そしてこれを、ちょうどみかんの輪切りをひろげるようにひろげてみます。

そうすると左の図(1)がえられますが、いま、これとまったく同じものをもう一つ考えて(2)、一方をさかさにし、他方へさしこんでみると、図(3)がえられます。ここで、この分け方をどんどん細かくしてゆけば、この図は、ますます、高さがr、横が円周の長さに等しい長方形に近づいてゆきます（図(4)）。ところが、円の面積Sはこの長方形の面積の半分ですから、

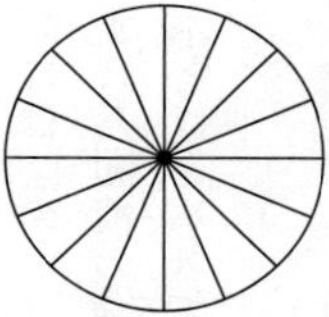

円を分割

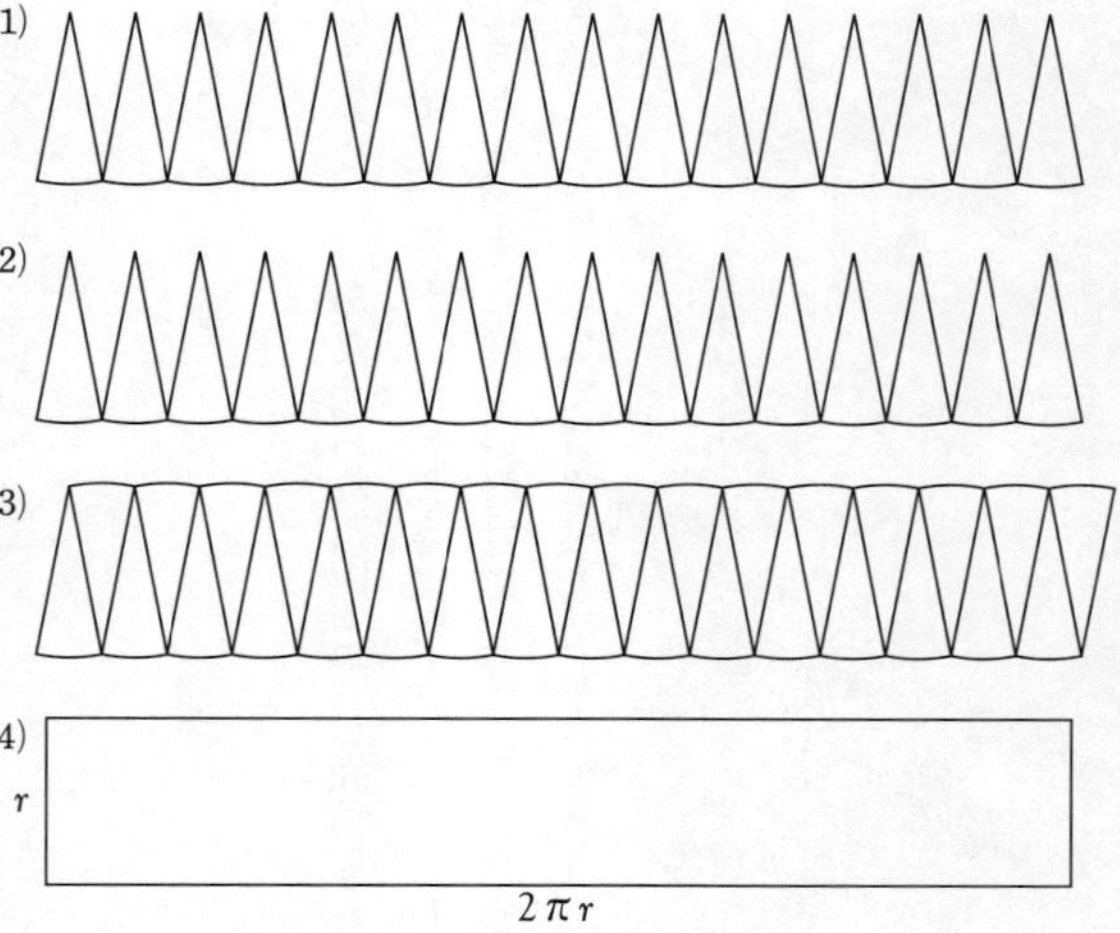

輪切りの部分をひろげて考える

$$S=\frac{r\times 2\pi r}{2}$$
$$=\pi r^2$$

となります。

この証明からもわかるように、あたえられた円と同じ面積をもつ正方形を作図するのには図のように、縦が半径、横が円周の長さに等しいような長方形をつくり、この$\frac{1}{2}$と面積の等しい正方形をつくればよいわけですが、これもソフィストたちは、定木とコンパスで作図することはついにできませんでした。

第三章　数学の歩み

1　0の発見

位が上がるごとに新しい記号

いままで述べてきたように、エジプトの数字は、

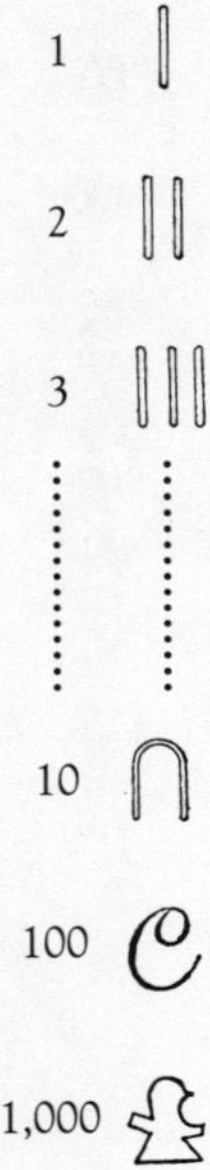

バビロニアの数字は、

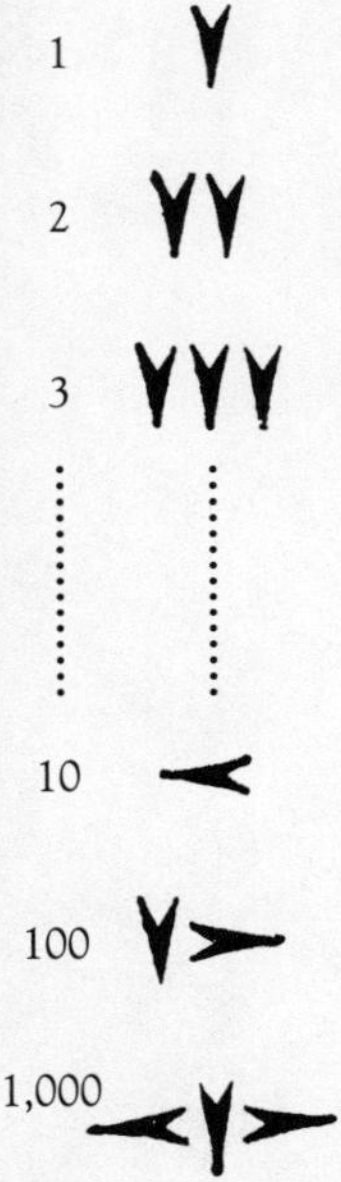

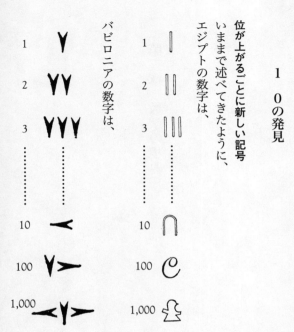

ギリシアの数字は、

1	2	3		10	100	1,000
Ι	ΙΙ	ΙΙΙ	……	Δ	Η	Χ

というふうに、十、百、千と、位が上がるごとに新しい記号を使っています。これは、現在もなお時計の文字盤に残っているローマ数字、

1	2	3		10	100	1,000
I	II	III	……	X	C	M

でも同じことです。

想像にあまりある計算上の不便

これらの数字は、数を記録しておくためになら、別に大した不便は感じないかも知れませんが、これらを使って計算しようとすれば、その不便は想像にあまりあるもの

があります。
たとえば、

などという計算は、とても繁雑でやりきれないでしょう。
これらに比べると、現在わたくしたちが使っている、
1、2、3、4、5、6、7、8、9、0

という数字がどんなに便利なものであるか、いうまでもありません。

インド人の便利な数字

この便利な数字は、いつ、だれが考え出したものでしょうか。それは、かなり古く、インドの人たちによって考え出されたものであり、それがいろいろ移り変わって今日の形になったものであるといわれています。

さて、インドの隣のアラビアの人たちは、行商人として、インドへも、ヨーロッパへもしばしば行ったり来たりしました。そのアラビア人たちは、インドへ行って、インドからこの便利な数字を学んだものと思われます。

そして、ヨーロッパの数字に比べれば、このインドの数字はいかにも便利であったので、アラビアの人たちは、全面的にこの数字を採用して、計算にももちろんそれを使いました。

ヨーロッパの人たちも、このアラビア人の使っている数字が、自分たちの数字よりもはるかに便利であることを認めて、これを採用しました。

位による新記号はいらない

この数字は、こうして、インドで生まれてアラビア人によってヨーロッパへ伝えられたものなのですが、ヨーロッパの人たちは、これをアラビア人が考え出したものと思ってアラビア数字と呼び、またこれらの数字がいかにも計算に便利なので、算用数字とも呼びました。

さて、インドで生まれたこの数字の特長は、一から九までは、

1、2、3、4、5、6、7、8、9

という記号で表わしますが、そのつぎの十になっても、とくに新しい記号を導入しない点にあります。

すなわち、もう一つ無を意味する0という記号を用意しておいて、十を、

10

で表わすという点なのです。

0を使った位どり記法

この0は、いちおうは無を表わす記号ですが、ただの無を表わすのではなく、右のように書けば、0は右から一番めの数字であり、それは一の位が無であることを表わ

すものです。またこの0のおかげで、1は右から二番めの数字となりますが、これは十の位が1であることを表わしています。以下、

11、12、13、14、15、16、17、18、19

と書くことによって、これで十一、十二、十三、……を表わすことができ、しかも、

20

と書けば、これで二十を表わすことができるというのは、この0という記号と、それを用いた位どり記法のおかげなのです。

数学史上の画期的な事実

さらに、

205　250　3,078

などと書いて、それぞれ二百五、二百五十、三千七十八などを表わしうるにいたっては、この0と位どり記法の便利さはますます明らかです。さらに、まえにあげた計算は、

$$\begin{array}{r} 248 \\ +173 \\ \hline \end{array}$$

となりますが、この形なら、あのやっかいに見えた計算も、ひじょうにらくです。

この0の発見と位どり記法の発見とは、数学の歴史においては、画期的な事実といわなくてはなりますまい。

ここでついでに、算数と代数との記号の発達のことを述べておきましょう。

印刷術の発明と記号の整備

十五世紀のなかごろになって、ドイツで印刷術が発明されましたが、これによってギリシアやアラビアの古典の翻訳が出版され、またインドの算数と代数も続々とヨーロッパに紹介されてゆきました。さらに十六世紀になって、イタリアは有名な文芸復興期を迎え、ヨーロッパの数学はようやく活気を呈してきました。

こうして輸入した他国の知識に対して、ヨーロッパの人たちは、記号の整備などを含む改良を加えてゆきました。

当時「計算親方」というあだ名で呼ばれていたドイツの数学者ウィッドマンは、一

四八九年に、現在でも用いられている、

＋　−

という記号を、前者を収入の意味に、後者を支出の意味に用い始めました。さらにウィッドマンは、別の書物では、前者を現在のプラスの意味に、後者を現在のマイナスの意味に用いています。ただ現在と異なるところは、ウィッドマンの用いたプラスとマイナスの記号は、現在のそれよりもいささか横に長いという点です。

さらに記号の整備は進んだ

また、その左右が等しいことを示す等号は、R＝レコード（一五一〇—五八年）の著書『知恵の砥石《といし》』（一五五七年）にはじめて現われていますが、やはりいささか横に長く、

＝

の形をしています。しかもレコードは、その左右が等しいのを示すのにこの記号を使う理由として、

「長さの等しい平行線ほど等しいものはないからである」

といっています。

さらにまた、現在使われている乗法の記号、

×

は、W＝オートレッド（一五七四―一六六〇年）の書物『数学の鍵』に見え、また、除法の記号、

÷

はJ＝ペルの書物（一六五〇年）にはじめて現われました。そのほか、現在用いられている、

3.5083

などという、小数の記号を確立したのは、スティーブン（一五四八―一六二〇年）です。

既知数と未知数を表わす文字

代数学には、いわゆる既知数と未知数が現われてきますが、これらは、一目で区別できるような文字で表わしておくことが望ましいわけです。そこでフランスのビエー

ト（一五四〇―一六〇三年）は、既知数を、

b、c、d、f、……

などの子音で、未知数を、

a、e、i、o、u

などの母音で表わすということを始めました。

しかし、のちにデカルト（一五九六―一六五〇年）は、既知数を、アルファベットのはじめのほうの文字、

a、b、c、d、e、……

などで、未知数を、アルファベットのしまいのほうの文字、

u、v、w、x、y、z

などで表わすということを始めました。そしてこの約束は現在でも守られています。

2　方程式

インドの数学者がはじめて解決

たとえば、問題、

「ある数とその$\frac{1}{3}$とを加えたものは16であるという。その数はいくらか」

を解くのに、そのある数を□で表わして、

$$\square+\frac{1}{3}\square=16$$

$$\frac{4}{3}\square=16$$

$$\square=12$$

という計算をし、□、すなわちある数は12であると答える考え方は、さきに述べたように、すでにエジプトの人たちももっていました。

しかし、この種の問題に対して、はじめて組織的な解法を明示したのは、インドの数学者アルクワリズミ（八二〇年ごろ）でした。つぎの例をごらんなさい。

$$5x-4=3x+2 \cdots\cdots (1)$$

両辺から $3x$ を引いて，

$$5x-3x-4=2 \cdots\cdots (2)$$

$$2x-4=2 \cdots\cdots (3)$$

両辺に 4 を加えて，

$$2x=2+4 \cdots\cdots (4)$$

$$2x=6$$

$$x=3$$

アルジェブラの語源アルジェブル

このばあい、(1)という方程式の両辺から$3x$を引いて(2)という方程式をえたのですが、(1)と(2)を見比べてみると、(1)の右辺にあった$3x$は、(2)の左辺に来て$-3x$になっています。

また、(3)という方程式の両辺に4を加えて(4)という方程式をえたのですが、(3)と(4)を見比べてみれば、(3)の左辺にあった-4は、(4)の右辺に来て$+4$になっています。

このように、等式の一辺にある一つの項を、符号をかえてほかの辺へ移すことを移項といいますが、これを用いる方程式の解法を説明した書物に、アルクワリズミは、アルジェブル＝ワルムカバラ（al-jabr waal-muqābara）という題をあたえていますす。このアルジェブルは移項を意味し、ワルムカバラは、方程式の両辺から等しい量を引き去ることを意味します。

現在英語で代数学を意味するアルジェブラ（algebra）は、このアルジェブルが語源であることは確かです。

二次方程式の初期の解法

右に述べたのはいわゆる一次方程式ですが、二次方程式、すなわち、

$$x^2+6x=40$$

の形の方程式は、ヘロン（一〇〇年ごろ）とディオファントス（三〇〇年ごろ）によって研究されました。彼らの解法はつぎのようでした。

$$x^2+6x=40$$

両辺に 9 を加えて，

$$x^2+6x+9=49$$

$$(x+3)^2=49$$

$$x+3=7$$

よって，

$$x=4$$

このばあい、xに3を加えたものの自乗は49であることから、xに3を加えたものは7であると結論しています。

しかし、自乗して49になる数は、実は、

7 と −7

です。それを7と結論しているのは、彼らが負の数という考えをもっていなかったからです。

正しく解いた数学者たち

数には正の数と、零と、負の数があることを認め、したがって自乗して49になる数は7と−7であることをはっきりと認めて、前記の二次方程式を正しく解いたのは、インドの数学者、アリアバータ（四七六—？）・ブラーマグプタ（五九八—？）・バースカラ（一一一四—八五）などです。彼らの考え、とくにバースカラの考えにしたがって前の二次方程式をもう一度解いてみると、つぎのようになります。

$$x^2+6x=40$$

両辺に9を加えて，

$$x^2+6x+9=49$$

$$(x+3)^2=49$$

よって，

$$x+3=7$$

または，

$$x+3=-7$$

よって，

$$x=4$$

または，

$$x=-10$$

このように、インドの人たちは、二次方程式には二つの根があることを認めていたのです。

想像上の数 i の登場

しかし、インドの人たちは、たとえば、

$$x^2+6x+13=0$$

両辺から4を引いて,

$$x^2+6x+9=-4$$

$$(x+3)^2=-4$$

のようなばあいには、ある数の自乗は正または零であって負とはなりえないから、といって、このような方程式には根はないと断定しました。

この問題は、のちにつぎのように解決されました。いままで考えてきた実数に対しては、その自乗は正または零であって、けっして負となることはありません。

そこで、いまここに、自乗すれば-1になるような数i、すなわち、

$$i^2=-1$$

であるような数iを考えます。このような数は、もちろんいままでに知っている実数とはちがいます。いわば想像的な数であり、事実このiは、想像的な数を意味するimaginary numberの頭文字です。

$i^2=-1$の導入で新発展

さて、このような数iを導入すれば、

$$(2i)^2=4i^2=-4$$

$$(-2i)^2=4i^2=-4$$

ですから、まえの解法のゆきづまりは、これをつぎのように打開してゆくことができます。

$$(x+3)^2=-4$$

よって,

$$x+3=2i$$

または,

$$x+3=-2i$$

よって,

$$x=-3+2i$$

または,

$$x=-3-2i$$

こうして、a、bを実数として、

$$a+bi$$

の形の数が現われてきますが、このような数は、1という単位と、iという単位の二つの単位をもった数と考えられます。このばあい、1を実数単位、iを虚数単位と呼び、このような数を複素数と呼びます。

十五、六世紀の数学試合

さて、十五世紀から十六世紀にかけて、ヨーロッパでは数学の試合ということが盛んに行なわれました。それは、ふたりの数学者が、互いに同数の問題を出し合って、そのうちのより多数を解いたほうが勝ちというものです。

その試合の絶好の材料となったのは、上にあげたような三次方程式と四次方程式の解法でした。

このうち、三次方程式の解法は、ニコロ＝フォンタナ（一五〇〇—五七年）、通称タルタリアによって発見されましたが、彼はこれを公表しませんでした。しかしカルダノ（一五〇一—七六年）は、そのタルタリアの解法を自分の書物アルス＝マグナにのせてしまったので、誤って現在カルダノの解法と呼ばれています。このカルダノはまた職業的な賭博《とばく》師《し》としても有名です。

また四次方程式の解法は、カルダノの弟子フェラリ（一五二二—六五年）によって発見されたものです。

3 次方程式

$$ax^3+bx^2+cx+d=0$$
$$(a\neq 0)$$

4 次方程式

$$ax^4+bx^3+cx^2+dx+e=0$$
$$(a\neq 0)$$

3　対数の発見

天文学者の寿命を二倍に

まえに、エジプトの人たちは、ナイル川の定期的氾濫を予知するために天体の運行に目をつけ、したがって、エジプトにはすでに天文学の萌芽《ほうが》があったことを述べましたが、この芽はギリシアに移され、ギリシア天文学となりました。現に前述のタースは、日食を予言したといわれています。

しかし、このギリシアの古典的天文学は、十五世紀にはいって、レギオモンタヌス（一四三六―七六年）などの出現によって大きな改革を受け、さらにコペルニクス（一四七三―一五四三年）の地動説が現われるにおよんで一段の飛躍をとげます。

この天文学の進歩をうながしたのは、望遠鏡の発明と、三角法の進歩と、もう一つは対数の発見でした。ひじょうに大きな数の掛け算と割り算を、加え算と引き算に直してしまうこの対数の発見は、天文学者の寿命を二倍にしたとさえいわれています。

この対数の考えをはじめてつかんだのは、スティーフェル（一四八七―一五六七年）です。

計算抜きで答えの数字が出る

いま、一つの数yと、2をy乗した2^yとのあいだの関係を表にしてみると、つぎのようになります。

y	2^y
1	2
2	4
3	8
4	16
5	32
6	64
7	128
8	256
9	512
10	1024
11	2048
12	4096
⋮	⋮

この表は、yが1であれば2^yは2^1、すなわち2ですが、このyのほうが、1、2、3、4、……と増してゆくにしたがって、2^yのほうは、2、4、8、16、……と、二倍二倍と増してゆくことを示しています。

ここでスティーフェルは、つぎのようなおもしろい事実に着目するわけです。それは、2^yのほうの二つの数の掛け算には、yのほうの加え算が対応しているという事実です。

$$\begin{array}{ccccccc} 2^y & 8 & \times & 64 & = & 512 \\ \vdots & \vdots & & \vdots & & \vdots \\ y & 3 & + & 6 & = & 9 \end{array}$$

$$\begin{array}{ccccccc} 2^y & 32 & \times & 128 & = & 4096 \\ \vdots & \vdots & & \vdots & & \vdots \\ y & 5 & + & 7 & = & 12 \end{array}$$

したがって、まえの表で、右側にある二つの数を掛けた答えがほしいならば、それに対応する左側の二つの数を加えた数をつくり、その数を左側の欄に見いだし、それに対応する右側の数を見ればよいことになります。

いまの対数概念の確立へ

このばあい、右側の数をxとおけば、

$$2^y = x$$

となりますが、このとき、2を底とするxの対数はyであるといって、

$$y = \log_2 x$$

で表わします。これはxとyの関係ですから、この見地からまえの表を書き直せば、まえの右と左は逆になって、

x	$y=\log_2 x$
2	1
4	2
8	3
16	4
32	5
64	6
128	7
256	8
512	9
1024	10
2048	11
4096	12
……	……

となります。

この表でいえば、xの掛け算には、その対数の加え算が対応しているわけです。

スティーフェルのこの着想を発展させて、現在の対数の概念を確立したのは、ビュルギ（一五五二―一六三二年）とネーピア（一五五〇―一六一七年）です。

常用対数表の使い方

まえの例では2を底としましたが、現在では、10を底とする対数がもっぱら使われています。そしてこの10を底とする対数は、現在、常用対数と呼ばれています。

この常用対数の表は、たとえばつぎのようにつくられています。

数	常用対数
……	……
2.36	0.3729
2.37	0.3747
2.38	0.3766
……	……
3.18	0.5024
3.19	0.5038
3.20	0.5051
……	……
7.55	0.8779
7.56	0.8785
7.57	0.8791
……	……

この表を使って掛け算をするには、

$$\begin{array}{ccccc} 2.37 & \times & 3.19 & = & 7.56 \\ \downarrow & & \downarrow & & \uparrow \\ 0.3747 & + & 0.5038 & = & 0.8785 \end{array}$$

というぐあいに、まず掛けるべき二つの数の常用対数を表から求め、これらを加えた答えを出し、つぎに、同じ常用対数の表を逆に使って、その数を対数にもつようなもとの数をさがせばよいわけです。

4　ユークリッド幾何学

実用的知識を学問化した人々

さて、話をふたたびギリシアへもどしましょう。エジプトで生まれた実用的な知識は、ギリシアに渡って学問として発達していったことはすでに述べましたが、その学問の方法論に大きな貢献をしたのは、哲学者ソクラテス（紀元前四六九―三九九年）とその弟子プラトン（紀元前四二三―三四七年）です。今日わたくしたちの使っている定義・公理・定理などのことばを今日の意味で使い出したのは、これらの人たちだといわれています。

また数学者には、テオドロス（紀元前四六五―三九九年ごろ）・テアイテトス（紀元前四一〇―三六八年）・ユードクソス（紀元前四〇八―三五五年）などが現われていますが、このユードクソスは、ピラミッドなどの立体の体積を、積尽法と呼ばれる方法で求めています。

また、このユードクソス門下のメナイクモスは、円錐《えんすい》曲線の研究をしていますが、その内容については、のちのアポロニウスのところで述べることにします。

大帝国の誕生とヘレニズム文化

さて、マケドニアの王フィリップは、紀元前三三八年のケーロニアの戦いでアテネを破り、その子アレキサンダー大王は、東はインドから西はイタリアにおよぶ大国家を建設しましたが、そのため、ギリシア文化は他国へ伝えられ、また他国、とくに東洋の文化がギリシアの文化に取り入れられました。こうしてでき上がったのが、いわゆるヘレニズム文化です。

アレキサンダー大王の死後は、この大帝国も分裂してしまいますが、エジプトはプトレマイオスによって受け継がれ、その都アレキサンドリアは、文化の中心として長く栄えました。このアレキサンドリア時代の数学者、ユークリッド（紀元前三〇〇年ごろ）・アルキメデス（紀元前二八七―二一二年）・アポロニウス（紀元前二〇〇年ごろ）の仕事をつぎに紹介しましょう。

数学一般に関する公理五つ

ユークリッドは、教科書として、そのころまでに知られていた数学のほとんどすべての知識に、彼自身の研究も加えて、十三巻からなる大著「原本」（エレメンツ）を著わしました。そのうちの幾何学に関する部分では、まず、点・直線・平面などの定義を述べたのち、それからの議論のもととする、十個の公理を述べています。

そのうちの五つは、数学一般に関するものであって、つぎのとおりです。

1　同じものに相等しいものは、また、互いに相等しい。
2　相等しいものに相等しいものを加えると、結果もまた相等しい。
3　相等しいものから相等しいものを引けば、結果もまた相等しい。
4　互いに重なり合うものは、相等しい。
5　全体は部分より大きい。

幾何学に関する公理五つ

残りの五つは、とくに幾何学の理論を展開するために真であることが要請されるという意味のものであって、つぎのとおりです。

1　勝手な点と、これと異なる他の勝手な点とを結ぶ直線は、一つ、そしてただ一つひくことができる。
2　勝手な線分は、これを両方へ望むだけ延長することができる。
3　勝手な点を中心として、勝手な半径で円をかくことができる。

4　直角はすべて相等しい。

5　一直線が二直線に交わるとき、もしその同じ側にある内角を加えたものが二直角より小さかったならば、二直線はこの方向へ延長してゆけば、かならず交わる。

ただし、この最後の公理は、他の公理に比べていかにも複雑なため、のちの人たちは、これは他の公理を用いて証明できるのではないかと思い、つぎの公理とまったく同じ内容のものであることを発見しました。

6　一点Pを通って、この点を通らない直線aに平行な直線は、一本、そしてただ一本ひける。

したがって、この最後の公理は、平行線の公理とも呼ばれています。

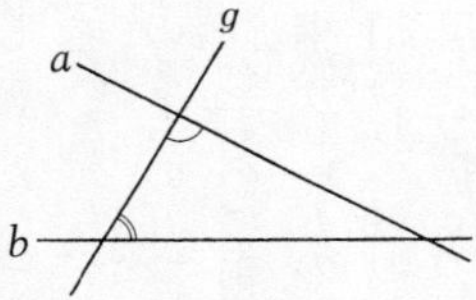

公理５

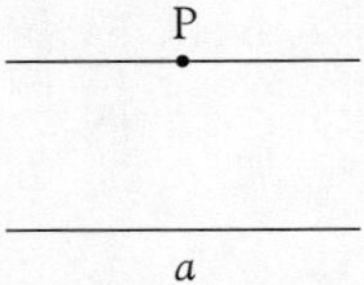

平行線の公理

十九世紀の新しい幾何学

しかし、人々は、この平行線の公理を他の公理から証明することには成功しませんでした。

ところが、それから二千年たった十九世紀にはいって、ロシアのロバチェフスキー（一七九二―一八五六年）とハンガリーのボリアイ（一八〇二―六〇年）とが、別々に、この平行線の公理の代わりに、

「一点を通って、この点を通らない直線と交わらない直線を無数にひくことができる」

ということを採用しても、まったく矛盾のない幾何学を展開できることを示したのです。そして、これによってユークリッドの平行線の公理は、他の公理から証明されるものでないことがわかったわけです。

そこで、ユークリッドの平行線の公理を仮定して進む幾何学をユークリッド幾何学、ロバチェフスキーとボリアイの公理を仮定して進む幾何学を非ユークリッド幾何学と呼ぶようになったのです。

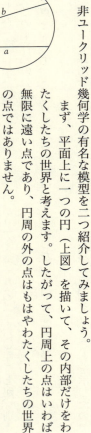

非ユークリッド幾何学の成立

ところであなたは、わたくしたちの平面、たとえば紙の上では、ユークリッドの公理こそ成り立っており、ロバチェフスキー＝ボリアイの公理は成り立たないのではないか、といわれるかも知れません。しかし、それは、わたくしたちの紙が、ユークリッド幾何学に対してはつごうのよい模型になっているけれども、非ユークリッド幾何学に対しては適当な模型ではない、ということを意味しているだけなのです。ここで、非ユークリッド幾何学の有名な模型を二つ紹介してみましょう。

まず、平面上に一つの円（上図）を描いて、その内部だけをわたくしたちの世界と考えます。したがって、円周上の点はいわば無限に遠い点であり、円周の外の点はもはやわたくしたちの世界の点ではありません。

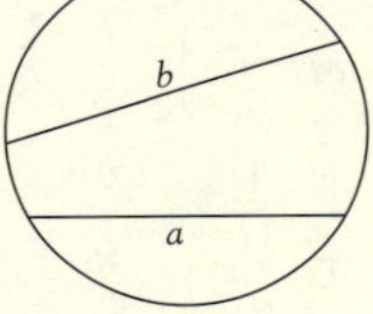

ですから、上の図の二つの直線 a と b とは、わたくしたちの世界では交わらないのです。

それはわたくしたちの世界内のこと

さて、このわたくしたちの世界内で、点Aとそれを通らない直線 a とを、また、点

Aを通って直線aと点Rで交わる直線rを考えてください（上図）。

このとき、点Rを直線aに沿って右へ限りなく遠ざけてゆけば、Rはa上の無限に遠い点Pに限りなく近づき、直線rは直線pに近づいてゆきます。また点Rを直線aに沿って左へ限りなく遠ざけてゆけば、Rはa上の無限遠点Qに限りなく近づき、直線rは直線qに近づいてゆきます。

この直線pとqとは、直線aと無限に遠いところで交わるのですから、わたくしたちのいままでのことばづかいによれば、aと交わってはいないわけです。さらにまた、図に示すように、直線pとqのあいだにある直線bは、やはり直線aと交わりません。

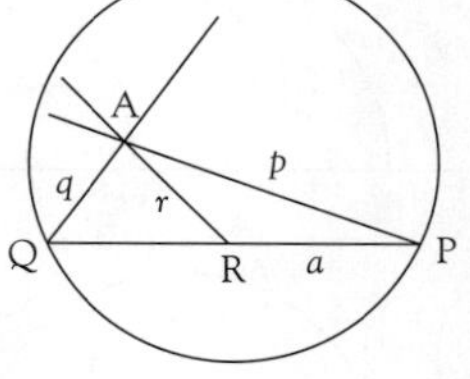

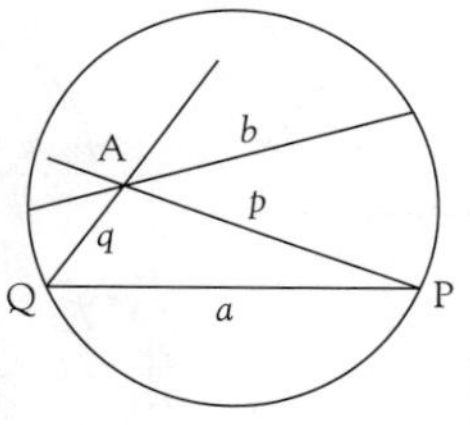

このように、この模型では、Aを通って、直線aと交わらない直線が無数に多く存在するのです。したがってこれは、ロバチェフスキー＝ボリアイの非ユークリッド幾何学の模型になっています。

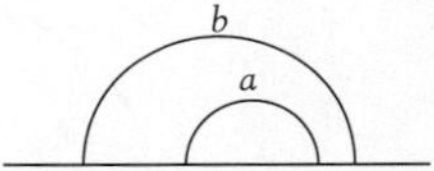

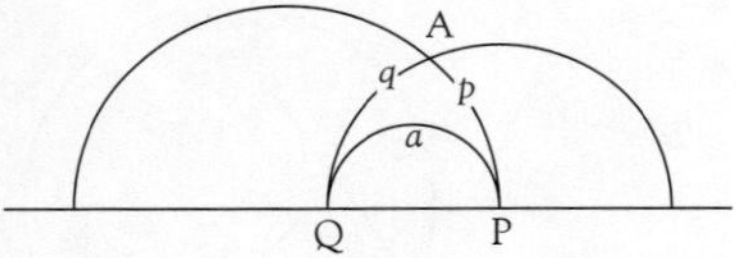

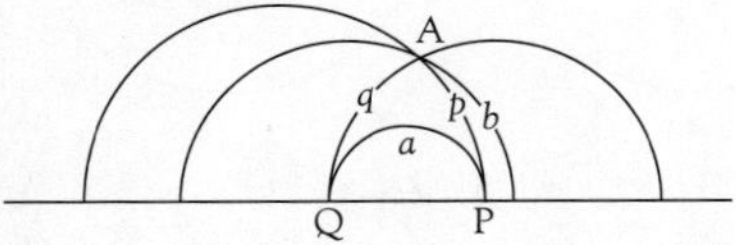

ある平面上の模型の世界で

つぎに、平面上に一本の直線をひき、その上部だけをわたくしたちの世界と考えます。したがって、その直線上の点はいわば無限に遠い点であり、この直線の下の点はもはやわたくしたちの世界ではありません。ただしこのばあいには、直線というものを、考えている直線上に中心をもつ半円であると考えます。たとえば上図のa、bは、いずれもこの世界の直線です。しかし、これらの二直線aとbとは、わたくしたちの世界では交わっていません。

さて、この世界で、点Aとそれを通らない直線aを考えてください（上の図）。このとき、Aを通って、直線aと無限遠点Pで交わる直線pと、直線aと無限遠点Qで交わる直線qとをつくることができます。

この直線pとqとは、直線aと無限遠点で交わっているのですから、わたくしたちのいままでのことばづかいによれば、aと交わってはいません。また、図が示すように、直線pとqのあいだにある直線bは、やはり直線

aと交わりません。

したがってこの模型でも、Aを通って、直線aと交わらない直線が無数に多く存在します。ですから、これもロバチェフスキー＝ボリアイの非ユークリッド幾何学の模型であるということができます。

リーマンの非ユークリッド幾何学

さて、ドイツの数学者リーマン（一八二六―六六年）は、ロバチェフスキーとボリアイよりはすこしおくれて、ユークリッドの平行線の公理の代わりに、

「一点を通って、この点を通らない直線と交わらない直線をひくことはできない」

ということを採用しても、やはり矛盾のない幾何学をつくりうることを示しました。この幾何学は、現在リーマンの非ユークリッド幾何学と呼ばれています。これも模型を示してみましょう。

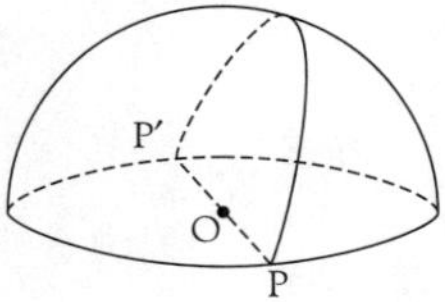

こんどは、一つの半球を考えて、その半球面をわたくしたちの世界と考えます（上図）。しかもその境界の円上では、中心Oを通る直径の両端PとP′とは、同じ点であると考えます。

またこの世界の直線は、この半球の中心Oを通る平面でこの半球

面を切ったとき、その切り口に現われる半円であると考えます。このような半円は、図ではPとP′をその両端としていますが、PとP′とは同じ点と考えるのですから、わたくしたちの直線、すなわち半円でその両端を一致させたものは、閉じています。

さて、このような直線を二本ひいてみましょう。図からすぐわかるように、わたくしたちの意味の二つの直線は、かならず一点で交わっています。したがって、わたくしたちの模型のなかでは、リーマンの非ユークリッド幾何学が成り立つということができるわけです。

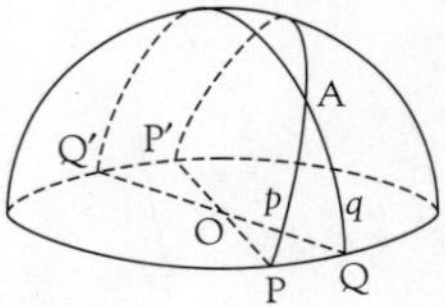

5　アルキメデス

円周率の近似値$\frac{22}{7}$

アルキメデスは、紀元前二八七年、シシリー島のシラクサに生まれ、エジプトのアレキサンドリアに長く留学し、故郷に帰ってからは、ヒーロン王に仕えて、一生をそこで研究に費やしました。

まずアルキメデスは、円に内接および外接する、正六角形・正十二角形・正二十四角形・正四十八角形、そしてついに正九十六角形をつくり、円周の長さは、この外接正多角形の周の長さよりは短く、内接正多角形の周の長さよりは長いことを使って、円周率の値が

$$3\frac{10}{71} \quad と \quad 3\frac{1}{7}$$

とのあいだにあることを証明しました。この後者の$\frac{22}{7}$は、いまでも円周率の近似値としてよく使われます。

長方形に区分して求める円の面積

さて、円の面積を求める一つの方法についてはまえに述べましたが、つぎのやり方ももう一つの有力な方法です。

まず、考えている円を、互いに平行な直線で、左の図のように、なるべく多くの部分に分けます。そうすれば、考えている円の面積は、これらの細長い部分を加えたものに等しくなります。

したがって、考えている円の面積は、これらの細長い部分を含む長方形を加えたも

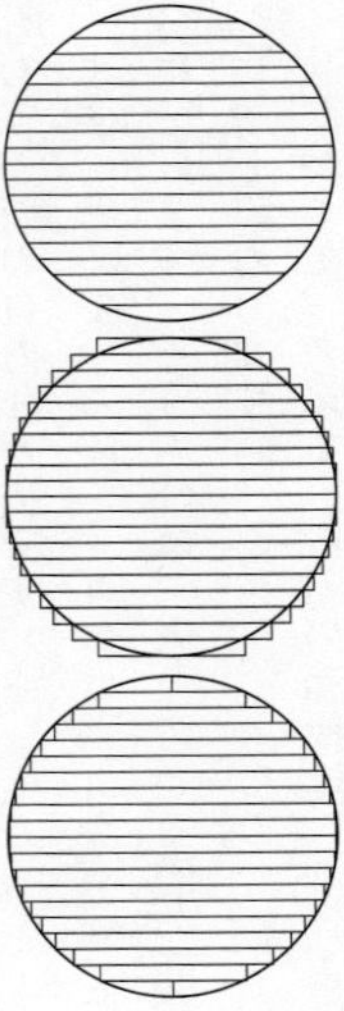

のよりは小さく、これらの細長い部分に含まれる長方形を加えたものよりは大きいわけです。

ところが、このような長方形の面積、したがって、このような長方形の面積を加えたものは計算されるはずですから、この分割の仕方を細かくしてゆけば、そのあいだにはさまれている円の面積が求められるわけです。

このようにして面積を求める方法は、区分求積法と呼ばれます。

「その円を踏むな」

この区分求積法は、体積に対しても有効です。事実アルキメデスは、まえの図を、平行線に垂直な直径のまわりに回転した図を考えることによって、半径rの球の体積を求めています。その答えは、

$$\frac{4}{3}\pi r^3$$

です。

アルキメデスはさらに、類似の方法によって半径 r の球の表面積は、

$$4\pi r^2$$

であたえられることを証明しました。

アルキメデスは、ローマ軍がシラクサの町へ乱入したときも、床の上に円をかいて研究に余念がありませんでした。しかし、ローマ兵がその円に足をかけたとき、思わず、

「その円を踏むな」

と叫び、そのローマ兵の槍《やり》によってたおされたと伝えられています。

その発見を表象する墓の図

このアルキメデスの墓にはつぎのような図が刻まれているといいますが、これはアルキメデスの発見を表象しているのでしょう。

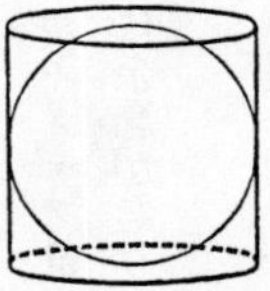

事実、外側の直円柱の体積は、底面の半径をrとすれば、

$$2\pi r^3$$

ですから、その$\frac{2}{3}$が内部の球の体積に等しくなっています。

また、この直円柱の側面積は、

$4\pi r^2$

ですから、これは球の表面積に等しいのです。

6　アポロニウス

その見解による直円錐

さて、まえに述べたように、数学の歴史上で、はじめて円錐曲線の考えに達したのはメナイクモスですが、これを発展させ、それに統一的見解をあたえたのは、アレキサンドリア時代の数学者アポロニウスでした。以下に、アポロニウスの見解にしたがって円錐曲線のことを述べてみましょう。

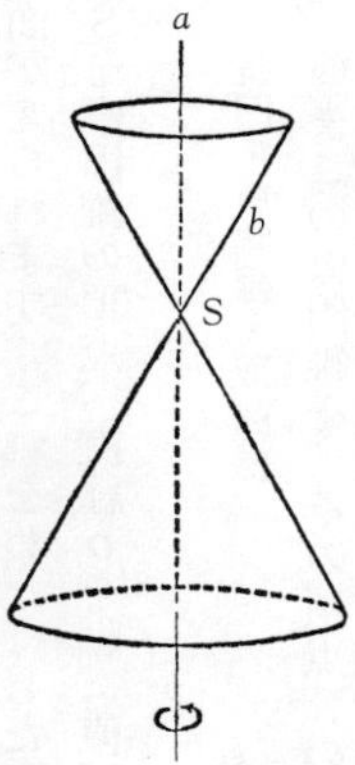

まず空間に、点Sで交わっている二本の直線aとbを考え、このaを軸として、bをそのまわりに一周させれば、上の図のような曲

面がえられます。これをわたくしたちは直円錐と呼びます。そして、このばあいの点Sを直円錐の頂点、直線aを軸、直線bの各位置を母線といいます。

長円・放物線・双曲線

いまこの直円錐を、その頂点Sの一方の側でだけ母線と交わるような平面で切れば、その切り口には閉じた曲線が現われます。この曲線は、楕円または長円と呼ばれています。いまこの切り口の平面をさらに傾けて、母線の一つと平行になるようにすれば、その切り口には、一方へ限りなくひろがった曲線がえられます。この曲線は放物線と呼ばれています。さらにこの切り口の平面を傾けてゆけば、この平面は、頂点Sの両側で母線を切り、その切り口には、両方へ限りなくひろがった曲線が現われます。この曲線は、双曲線と呼ばれています。

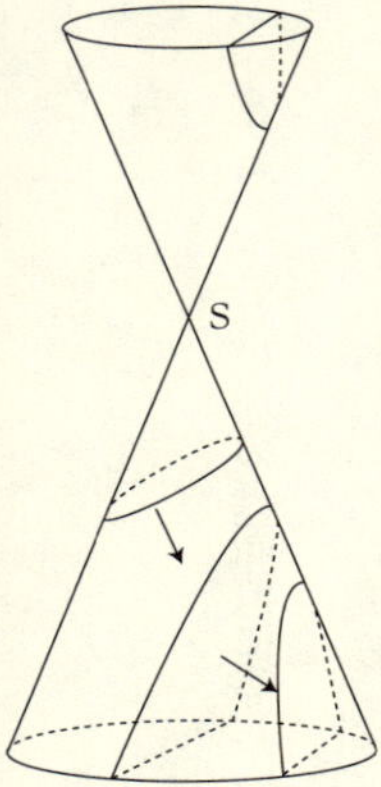

このように、長円・放物線・双曲線は、いずれも直円錐の平面による切り口として現われる曲線なので、円錐曲線と呼ばれています。

なお、直円錐を、頂点を通る平面で切れば、その切り口は、ただ一点であるか、または二直線です。また直円錐を、その軸に垂直な平面で切れば、その切り口は、ただ一点であるか、または円です。したがって、二直線も円も、円錐曲線であるといえます。

長円の性質

さて長円は、

「二定点からの距離の和が一定な点の描く曲線である」

という性質ももっています。これを以下に証明してみましょう。つぎの図を見ましょう。

まず、この切り口の平面に接し、しかも直円錐にも接する球を考えてください。このような球は、切り口の平面の両側に一つずつあります。したがって、小さいほうの球が切り口の平面と接する点をF、大きいほうの球が切り口の平面と接する点をF′とします。球と直円錐とはもちろん、一つの円に沿って接しています。

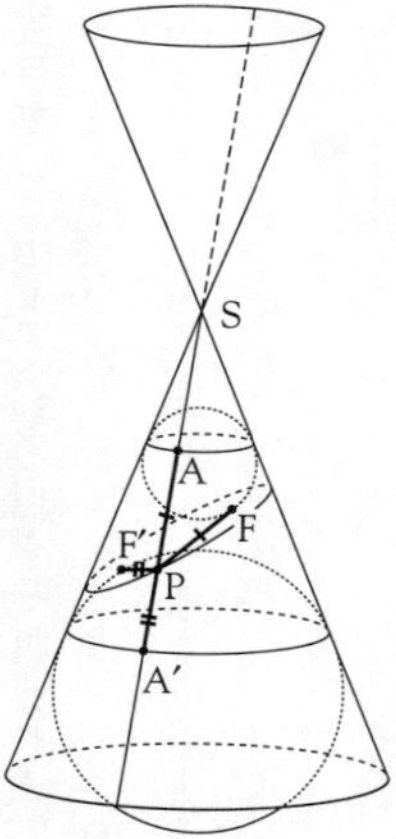

いま、切り口の曲線上に勝手な点Pをとって、Pを通る母線SPが、球と直円錐が

接している円と交わる点をそれぞれA、A′とします。そうすれば、PFとPAとは、一つの点Pから同じ球へひいた接線になっていますから、その長さは等しく、またPF′とPA′とも、一つの点Pから同じ球へひいた接線になっていますから、その長さは等しいわけです。したがって、

PF＋PF′
＝PA＋PA′
＝AA′

となりますが、このAA′は、Pの位置にかかわりなく一定です。したがって、点Pから二つの定点FとF′とにいたる距離の和は一定です。

このばあい、FとF′とは、考えている長円の焦点と呼ばれます。

長円の描き方と焦点の性質

長円のこの性質を知っていれば、わたくしたちは長円の図を容易に描くことができます。たとえば、焦点となるべき点にピンを立て、適当な長さの糸を輪にしてこれをピンにかけ、鉛筆のさきでこの輪をピンと張りながら一周させれば、鉛筆のさきPは

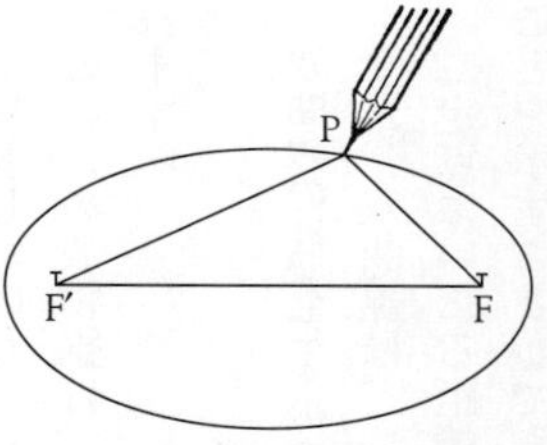

長円の描き方

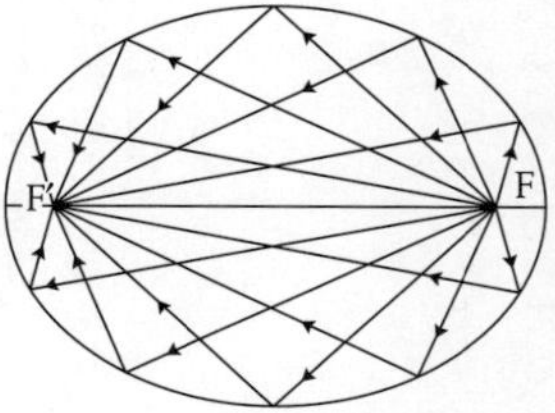

焦点と焦点とのあいだの性質

一つの長円を描きます。なぜなら、いうまでもなく、鉛筆のさきPからピンを立てた二定点までの距離の和はたしかに一定になっているからです。

さらにこの長円は、その内面を鏡にしておけば、一方の焦点Fから出た光はすべて、長円の鏡に当たって反射したのち、他の焦点F′に集まるという性質をもっています。したがって、光源Fが熱ければ、点F′は焦げてしまいます。焦点という名はここからきていると思われます。

放物線の性質とその用途

まったく同様に、放物線は、

「一つの定点と、一つの定直線への距離が等しい点の描く曲線である」

ことを示すことができます。このばあい、定点は放物線の焦点、定直線は準線と呼ば

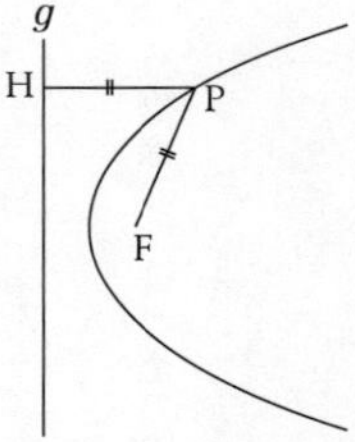

放物線

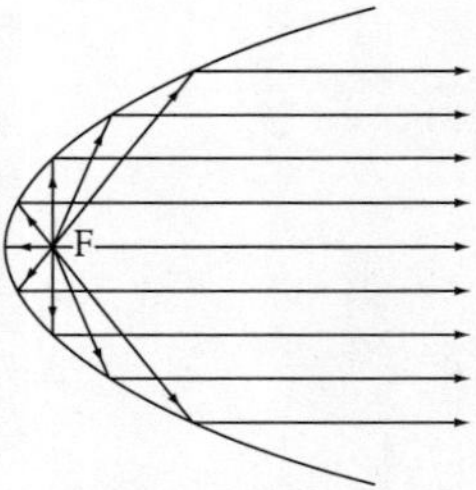

放物線の焦点の性質

れます。

またこの放物線は、その内側を鏡にしておけば、その焦点から出た光はすべて、放物線の鏡に当たって反射したのち、すべて平行な光線になるという性質をもっています。

また逆に考えれば、放物線に軸に平行な光線が当たれば、それらは放物線の鏡に当たって反射したのち、一点Fに集まります。

このため放物線は、平行光線をつくったり、遠くからの光や電波を集めるのに使われます。

双曲線の性質とその魔術

また、双曲線は、

「二定点にいたる距離の差が一定であるような点の描く曲線である」

ことを示すことができます。このばあいにも、二定点は焦点と呼ばれます。

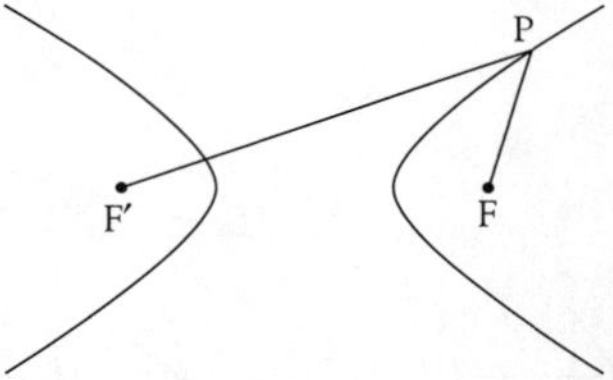

双曲線

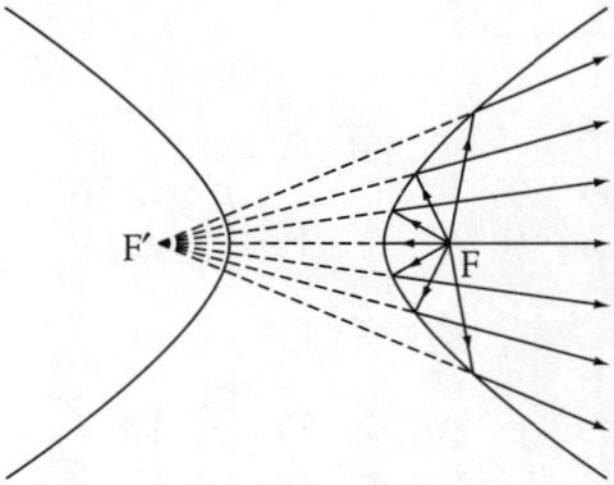

双曲線の焦点のあいだには

双曲線の内部を鏡にしておいて、その側の焦点に光源をおけば、この焦点から出た光は、双曲線の鏡に当たったのち、反射して、他の焦点から出た光であるかのように発散してゆきます。

7　射影幾何学

文芸復興と透視法のおこり

イタリアの文芸復興期には、いわゆる造形美術がすばらしい発達をとげたことはよく知られています。また当時は、寺院が続々と建てられましたが、そのために、立体幾何学、とくに立体実用幾何学が盛んに研究されました。いわゆる石切り術などはこれからおこったものです。

造形美術のうち、とくに絵画についていえば、当時までの画法では、いわゆる遠近法がまったく無視されていました。これに気づいた人たちが、当時ようやく、遠近法すなわち透視法の研究を始めたのです。

ここに透視法というのは、わたくしたちの目Sが物体を見たとき、それがわたくしたちの目に見えるとおりを紙の上に再現する方法のことです。

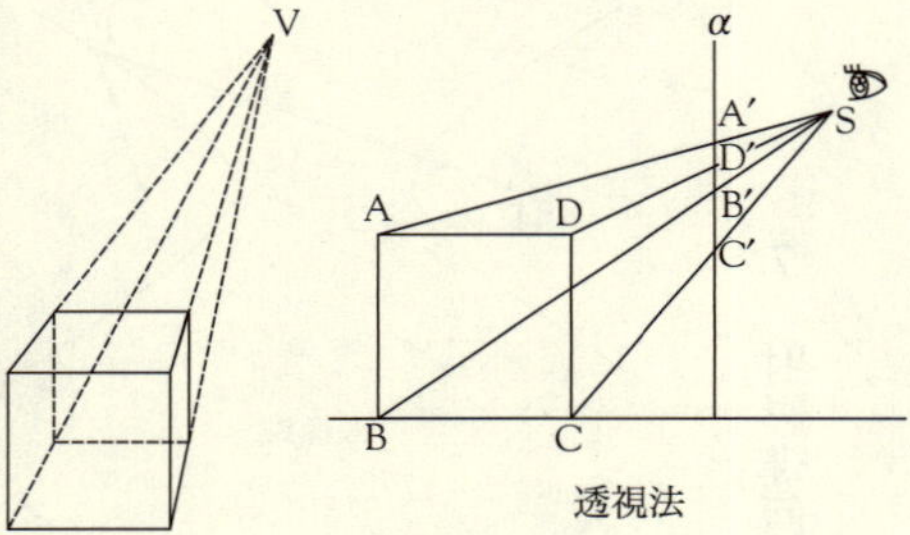

透視法

立方体の透視図

たとえば、物体ABCDとわたくしたちの目Sとのあいだに、一枚の平面αをおきます。そして、点Sと点A、B、C、Dとを結び、SA、SB、SC、SDと平面αとの交点をそれぞれA′、B′、C′、D′とすれば、A′B′C′D′が、透視図法による物体ABCDの像なのです。

この方法によって、たとえば立方体の透視図をつくってみると、上の左図のようになります。

ここで注意すべきことは、じっさいの物体で平行な直線はすべて、同じ点に集まる直線に見えているということです。これはなぜであるか。その理由を考えてみましょう。

平行な直線が集まる消失点

いま、地面の上に平行な二直線lとmがあったとして、目Sとこの二直線とのあいだに平面αをおいたとしてみましょう。二直線l、mと平面αとの交点をL、Mとします。LとMとはそのまま透視図法による像です。

いま直線l上を、点がLからA、B、Cと遠ざかってゆけば、その透視図法による像は、平面α上で、A′、B′、C′……と動いてゆきます。

そして点が、l上を限りなく遠ざかってゆけば、その像は、Sを通ってlに平行にひいた直線がαと交わる点Vへ、直線に沿って近づいてゆきます。

したがって、直線lの透視図法による像は、線分LVであるということになります。まったく同様に、直線mの透

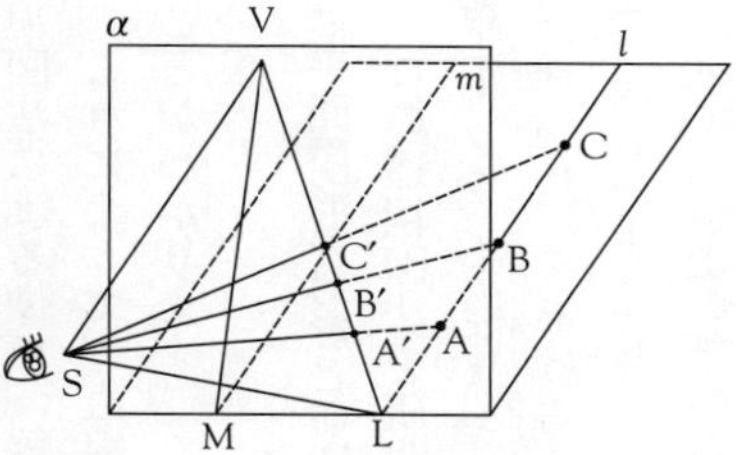

消失点

視図法による像は、線分MVであるということになります。

これによって、直線lに平行な直線の、透視図法による像は、すべて点Vに集まることがわかります。この意味で、点Vは消失点と呼ばれているのです。

平面図形の射影と切断

この透視図法を研究した人々としては、イタリアのアルベルチ（一四〇四—七二年）・フランチェスキ（一四二〇—九二年）・レオナルド＝ダ＝ビンチ（一四五二—一五一九年）をあげることができます。なおこの透視法は、ドイツの画家デューラー（一四七一—一五二八年）によってドイツへも紹介されました。

さて、以上の話のなかには、つぎの二つの操作が現われています。まず、一つの平面α上に、ある図形があったならば、この平面上にない点Sと、この図形上のすべての点を結ぶ直線をつくることを、この図形を点Sから射影するといいます。

また、一点Sに集まる図形があったばあい、点Sを通らない平面α'とこれらの図形との交点をつくることを、この図形を平面α'で切断するといいます。

射影と切断とのじっさい

たとえば、平面α上に三角形ＡＢＣがあったばあい、α上にない点ＳとＡ、Ｂ、Ｃを結ぶ直線をつくることが、Ｓから三角形ＡＢＣを射影することです。また、ＳＡ、ＳＢ、ＳＣという図形と、Ｓを通らない平面α′との交点Ａ′、Ｂ′、Ｃ′をつくることが、この図形を平面α′で切断することです。

このばあい、平面α上の三角形ＡＢＣを、点Ｓから平面α′上へ射影して、三角形Ａ′Ｂ′Ｃ′

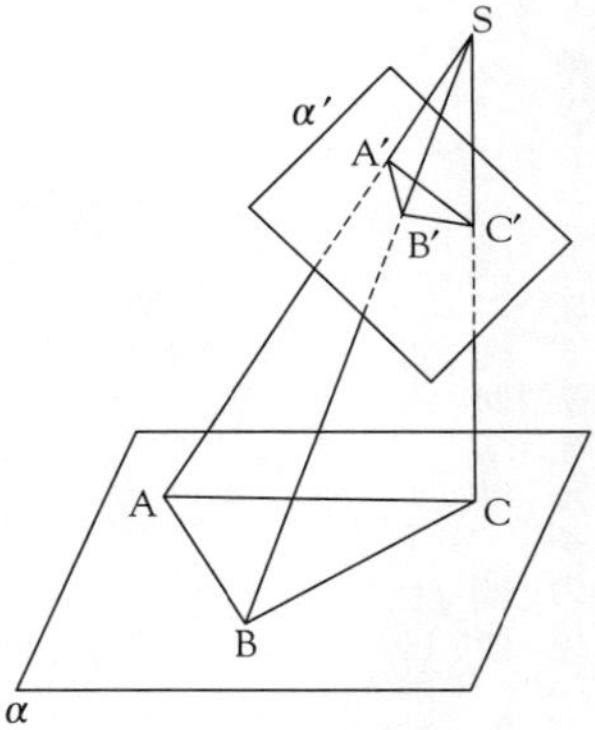

三角形の射影

をえたともいいます。

この射影によって、点は点に、直線は直線に、一直線上の点は一直線上の点に、一点に集まる直線は一点に集まる直線にうつされます。

射影幾何学の重要な定理二つ

この射影と切断という操作を縦横に使って、図形の性質を研究してゆく方法は、フランスの建築技術者デザルグ（一五九三—一六六二年）、天才的な数学者パスカル

（一六二三―一六六二年）、工兵士官ポンスレ（一七八八―一八六七年）などによって採用され、この種の幾何学は、現在、射影幾何学と呼ばれています。

例として、まずデザルグの見いだした定理をあげると、

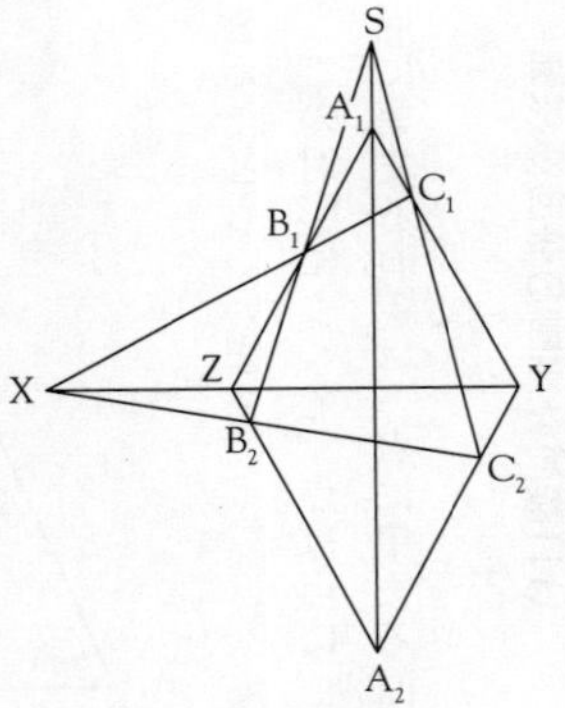

デザルグの定理

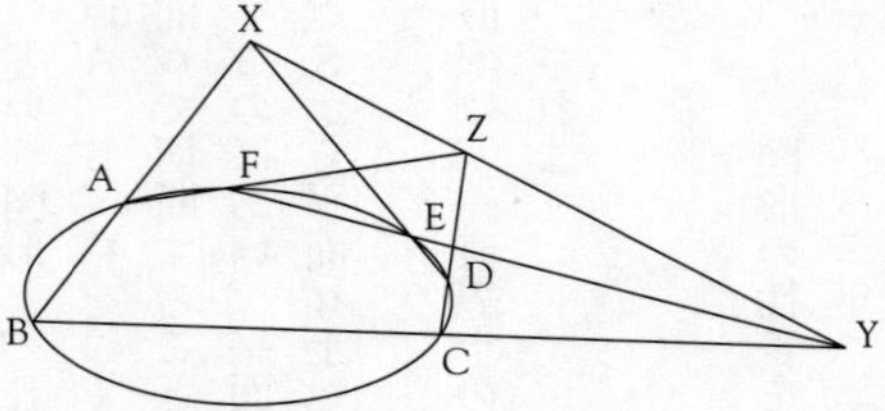

パスカルの定理

「二つの三角形$A_1B_1C_1$と$A_2B_2C_2$の、対応する頂点A_1とA_2、B_1とB_2、C_1とC_2とを結ぶ直線A_1A_2、B_1B_2、C_1C_2の延長が一点に集まるならば、対応する辺B_1C_1とB_2C_2、C_1A_1とC_2A_2、A_1B_1とA_2B_2の延長の交点X、Y、Zは一直線上にある」

というものです。

また、パスカルは、つぎのような定理を見いだしました。

「円錐曲線に内接する六角形ABCDEFの相対する辺ABとDE、BCとEF、CDとFAの延長の交点X、Y、Zは一直線上にある」

このデザルグの定理とパスカルの定理は、射影幾何学においてもっとも重要な二つの定理です。

第四章　十七世紀の数学

1　解析幾何学

平面上の点は、二線分をきめる

さて、話をまたギリシアの数学にもどしましょう。ギリシアの人々はすでに、平面上の点の位置を表わすのに、つぎのようなうまい方法を知っていました。

まず平面上に、一つの点Oから出る半直線OXをひいておきます。いまこの平面上に一つの点Pがあったならば、この点Pを通って直線OXと一定の角ω《オメガー》をなす直線をひいて、直線OXと交わる点をAとします。

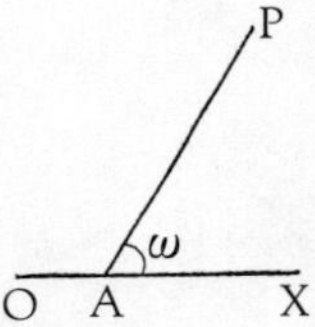

このように、平面上に一つの点Pがあれば、それに対して、この操作によって、OA、APという二つの線分がきまります。

逆に、OA、APに対応する二つの線分の長さがあたえられれば、この操作を逆にたどって、この平面上に点Pをきめることができます。

別な方法によるきめ方

これはつぎのようにも考えられます。まず平面上に、一定の角ωで交わる二本の直線OXとOYとをひいておきます。このとき平面上に一つの点Pがあたえられれば、点Pを通って、OY、OXに平行な線をひき、OX、OYとの交点をそれぞれA、BとすればOA、OBという二つの長さがきまります。

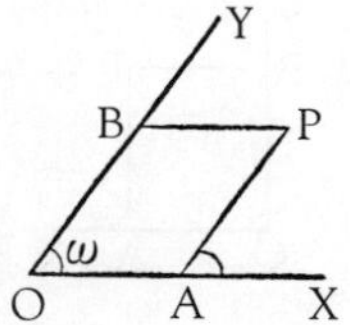

逆に、OA、OBに相当する長さがあたえられれば、この操作を逆にたどって、平面上に点Pの位置がきまります。このばあい、角ωに直角を採用しても、いっこうさしつかえありません。

以上は、現在の座標軸の考えとまったく同じですが、当時はまだ負の長さという考えが欠けていました。現在のように、負の長さという考えがあれば、図のQ、R、Sのような点の位置も、まったく同様な方法によって表わすことができるわけです。

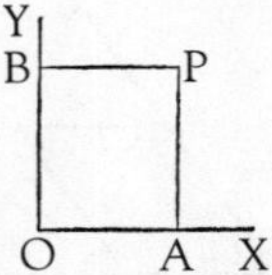

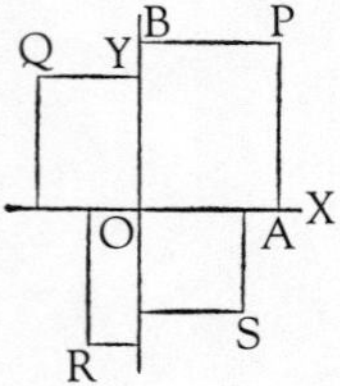

ギリシア人と放物線

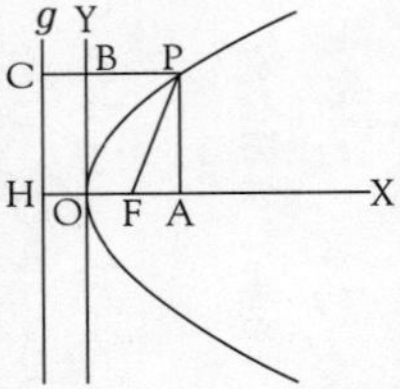

さて、ギリシアの人たちは、この考えを使って、放物線をどのように研究したかを述べてみましょう。

まず、放物線というのは、一つの定点Fと一つの定直線gにいたる距離の等しい点Pの描く曲線でした（上の図を参照）。そこで、点Fから直線gに下した垂線をFHとし、FHの中点をOとします。

そして、OからFへ向かう直線をOXとし、OでOXに立てた垂線をOYとします。そして、放物線上の勝手な点PからOXに下した垂線の足をA、OYに下した垂線の足をB、gに下した垂線の足をCとします。

そうすると、PFとPCとは等しいはずです。ところが、

$$PF^2 = FA^2 + AP^2$$
$$= (OA - OF)^2 + AP^2$$
$$PC^2 = (PB + BC)^2$$

ですから、これらを等しいとおいて計算をすると、BC、OH、OFは等しいことに注意して、

放物線の性質から

$$PC = PF$$

ですから,

$$(PB + BC)^2 = (OA - OF)^2 + AP^2$$

ところが,

$$BC = OH = OF$$
$$PB = OA$$

ですから,

整理すると,

$$AP^2 = 4 \cdot OF \cdot OA$$

をえます。または、現代流に、OAをxで、APをyで、OFをaで表わせば、

$$y^2=4ax$$

となります。

デロスの問題を方程式にすると

ところで、ギリシアの人たちは、y^2を、yという長さを一辺とする正方形の面積、axを、aとxを二辺とする長方形の面積と解釈していました。

したがって、この式を、yを一辺とする正方形の面積が、aとxを二辺とする長方形の面積の四倍に等しいことを表わす式と解釈していたのです。

それでもギリシアの人たちは、この考えを使って、まえに述べたデロスの問題を解くことができました。デロスの問題というのは、

「一辺の長さがaである立方体の二倍の体積をもった立方体をつくれ」

というものでした。したがって、いま、求める立方体の一辺の長さをxとすれば、こ

れは、

$$x^3=2a^3$$

を満足するxを求めよ、という問題と同じ問題です。

問題の立方体ができ上がる

ところがヒポクラテスは、このデロスの問題を、

$$a:x=x:y=y:2a$$

を満足するxとyを求める問題に帰着させました。事実この式から、

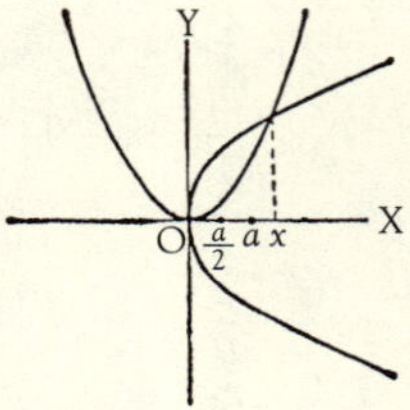

$$ay=x^2$$

$$y^2=2ax$$

よって，

$$x^3=2a^3$$

となるからです。

ところが、この第一式は、まえの放物線の式で、xとyとが入れかわった形をしています。また、第二式はそのままえに述べた放物線の式と同じ形をしています。したがって、これら二つの放物線の図を描いてみれば、上の図のように、OXに沿った放物線とOYに沿った放物線がえられますが、そのO以外の交点のxが、デロスの問題の解をあたえることを、メナイクモスは発見したのです。

ギリシアの断片の整理と仕上げ

以上のように、今日の解析幾何学でいう、座標の考え、図形の方程式、方程式の表わす図形などの考え方は、ギリシアの数学にも断片的には見えているのですが、メナイクモスやアポロニウスの仕事をよく調べて、それらを整理し、ほぼ今日の形に仕上げたのは、フランスのフェルマー（一六〇八―六五年）でした。これをいまの記号で

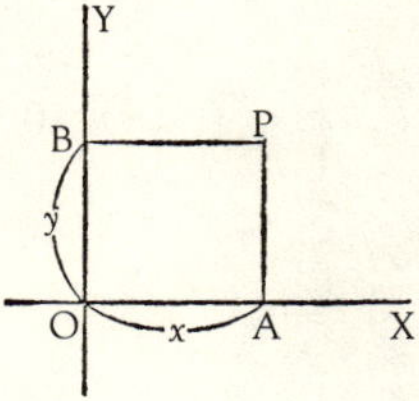

おさらいしておきましょう。

まず平面上に点Oで交わる二直線OXとOYをひき、それぞれの上で、正の向きOXとOYをきめます。ただし、OXを時計の針の回転と逆の向きに九十度だけ回せばOYに重なるようにしておきます（上図）。

いま、平面上に勝手な点Pがあれば、その点PからOXとOYに垂線を下して、その足をそれぞれA、Bとします。そして、

$$OA=x \quad OB=y$$

とおきます。ただしAがOXの負の向きにあればxは負、BがOYの負の向きにあればyは負と考えます。

曲線上の点と二つの数との関係

このように、平面上に点Pがあれば、それに対応して一組の数x、yがきまり、逆に一組の数x、yがきまれば、この操作を逆にたどって平面上の点Pの位置がきまり

ます。したがって、この一組の数x、yのことを点Pの座標と呼ぶわけです。このばあい、OXをx軸、OYをy軸、これらを合わせて座標軸と呼ぶことは、あなたはもうよくご存じでしょう。

さて、この平面上に一つの曲線があったとします(上図)。そしてこの曲線の上を一つの点Pが動いてゆくと考えてみましょう。このばあい、点Pは曲線の上を動くのですから、点Pの座標xとyとは、まったく勝手に変わるというわけにはゆきません。xとyとは、なにか関係を保ちながら変わるにちがいないのです。いま、このxとyとのあいだの関係を、

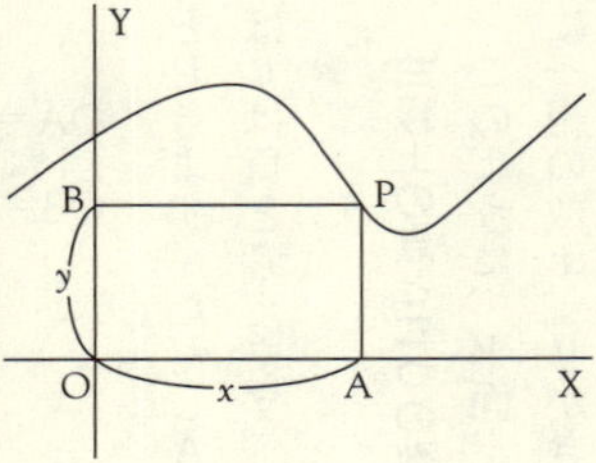

$$f(x, y)=0$$

で表わしておきましょう。

逆に、この関係を満足しながらxとyとが変わるとき、そのようなxとyとを座標

とする点Pが、もとの曲線を描くならば、最初の曲線の方程式は右の式であり、この方程式の表わす図形は、最初に考えた曲線であるといいます。

方程式とそれを表わす図形

この考え方はすでにフェルマーによって確立されたものでした。この考えにしたがって、いままでに知っている曲線とその方程式とを並べてかいてみると、つぎのページのようになります。

この最後の双曲線では、点が双曲線上を点Oから遠ざかれば遠ざかるほど、双曲線の形は直線の形に近づいてゆきますが、このような直線は双曲線の漸近線と呼ばれています。

デカルト以前の x や y

さて、ギリシアの人たちもフェルマーも、これらの方程式に現われる x、y、a、b、p などをすべて、線分の長さを表わすものと考えていました。ですから、x^2 と書けば、それは一辺の長さが x の正方形の面積、px といえばそれは二辺の長さが p と x の長方形の面積を表わしていました。

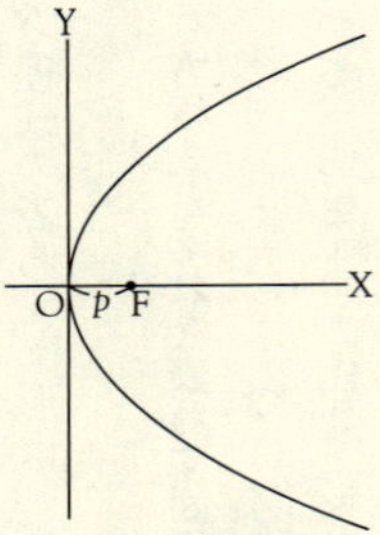

方程式　$y^2=4px$

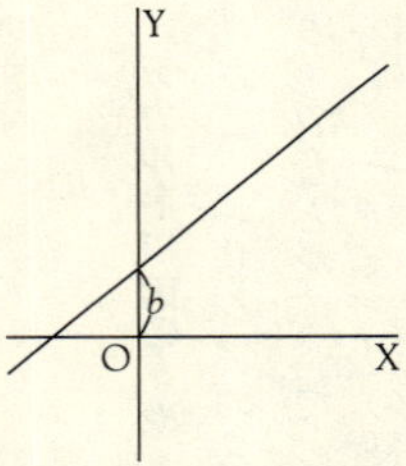

方程式　$y=mx+b$
（m は傾き）

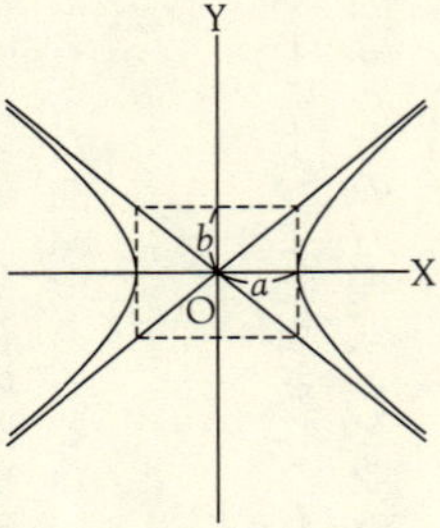

方程式　$\dfrac{x^2}{a^2}-\dfrac{y^2}{b^2}=1$

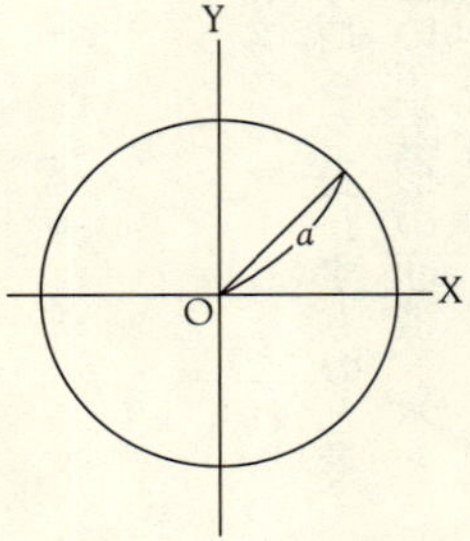

方程式　$x^2+y^2=a^2$
（a は半径）

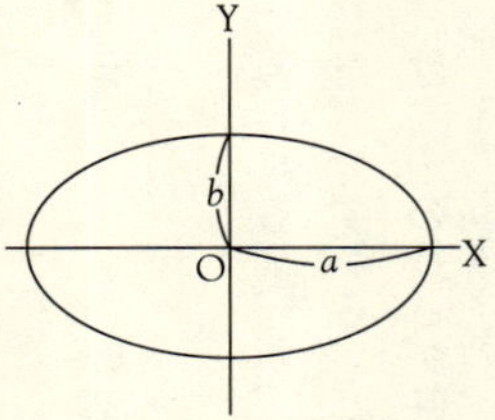

方程式　$\dfrac{x^2}{a^2}+\dfrac{y^2}{b^2}=1$

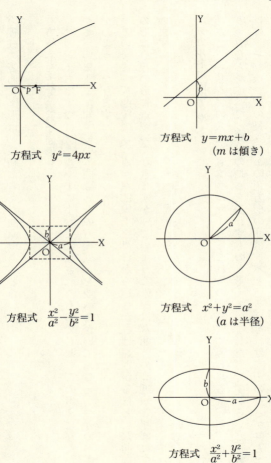

したがって、たとえば、

$$y=x^2$$

という形の式は意味をもっていなかったのです。なぜなら、この式の左辺のyは線分の長さを表わしており、右辺のx^2は一辺の長さがxの正方形の面積を表わしているのですから、線分の長さが正方形の面積に等しいという式は意味をもっていないからです。

さて、この種の形の式に意味をあたえて、解析幾何学を今日の形に築き上げたのは、フランスの数学者デカルト（一五九六―一六五〇年）です。

意味をあたえられた$y=x^2$

デカルトはまず、直線OX、OYの上で、Oを始点として、適当な長さを単位として、数を目盛ってしまいます。そして、もし平面上の勝手な点PからOXへ下した垂線の足Aの目盛りが5であり、OYへ下した垂線の足Bの目盛りが3であったならば、点Pには、いままでのように長さOAとOBとではなく、OAに対応する数5と

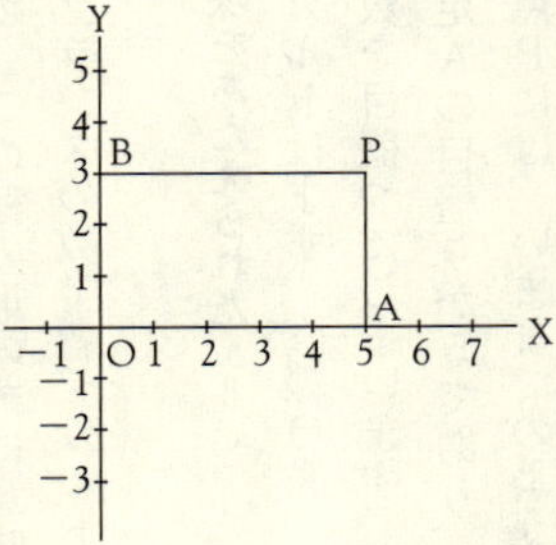

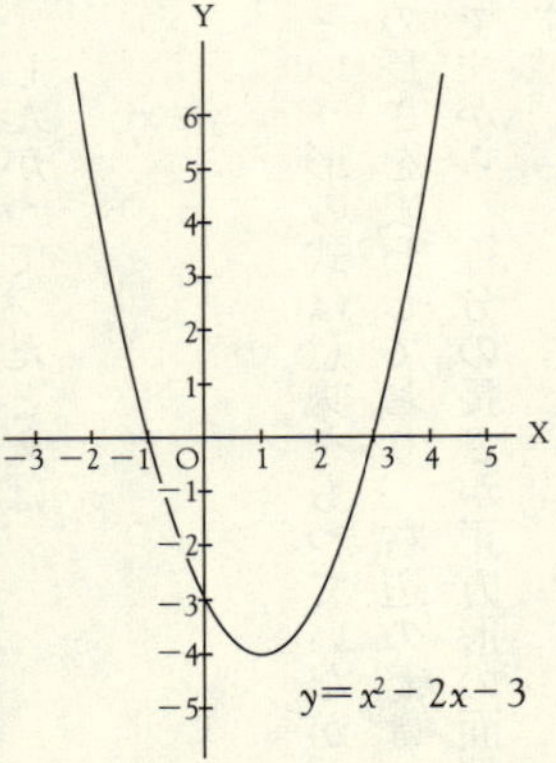

OBに対応する数3を対応させます。

この方法によれば、平面上の勝手な点には一組の数xとyとが対応し、一組の数xとyとには一つの点Pが対応することになります。

したがって、

$$y=x^2$$

のような方程式は、長さが面積に等しいことを表わすのではなく、xとyという一組の数がこの方程式を満足させているという事実を表わすことになります。

このように考えれば、右のような式も意味をもち、それの表わす曲線を描いてみれば、上図のような放物線がえられます。

こうして解析幾何学の研究は軌道にのり、のちに現われる微分積分学の発達にも大きな役割を果たしたのでした。

2　微分学

直線と円との三つの関係

さて、またもう一度話をギリシアへもどします。ギリシアの数学者たちは、まず、直線でできた図形、たとえば、三角形・四角形など、いわゆる直線図形を研究しました。そのつぎに彼らは円の研究を始めました。まず、直線と円とは、一つも点を共有しないか、ただ一点を共有しているか、または二点を共有しているかであることに注目しました。しかしこのことを断言するためには、直線と円とは、三点、またはそれ以上の点を共有することはないことを証明しなければなりません。彼らはそれをつぎのように証明しました。

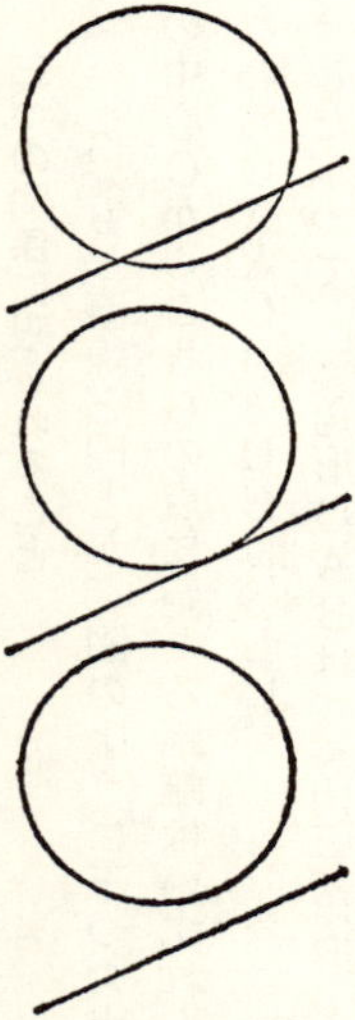

直線と円との関係

三つの関係に限られること

「いま、もし直線と円とが、図のように三つの点A、B、Cを共有したとすれば、円の中心Oからこれらの点にいたる距離はいずれも半径であるから、すべて等しい。すなわちOAとOBとOCは等しい。

したがって、三角形OABは二等辺三角形であるから、その内角AとBとは等しい。また三角形OBCも二等辺三角形であるから、その内角BとCとは等しい。

ところが、点Bにできているこれら二つの内角Bは、加えると二直角である。したがってこれらに等しい角Aと角Cを加えたものも二直角でなければならない。これは、三角形OACの二つの内角を加えたものが二直角ということを意味し、三つの内角を加えたものが二直角という事実に反する。

したがって、直線と円とが、三点またはそれ以上の個数の点で交わることはない」

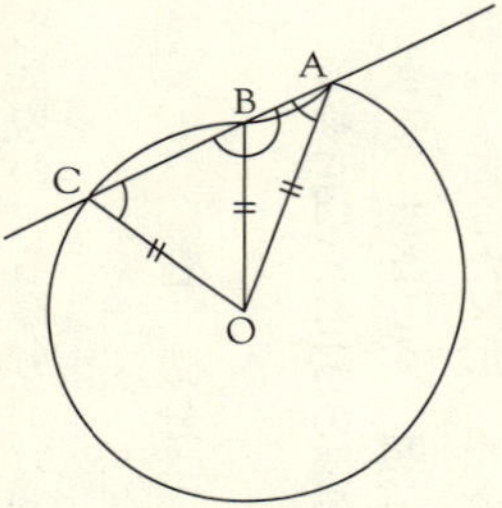

3点を共有すると

こうして彼らは、直線と円とが一つも共有点をもたぬとき、これらは交わらぬ、ただ一つの共有点をもつとき、これらは接する、二つの共有点をもつとき、これらは交わる、といいました。そして接するばあいは、共有点を接点、直線を接線と呼んだのです。

OPは接線に垂直であること

ところで彼らは、直線と円とがただ一点Pを共有するとき、すなわち直線と円とが点Pで接するばあいには、点Pと中心Oとを結ぶ半径は、接線に垂直であることに気づきました。

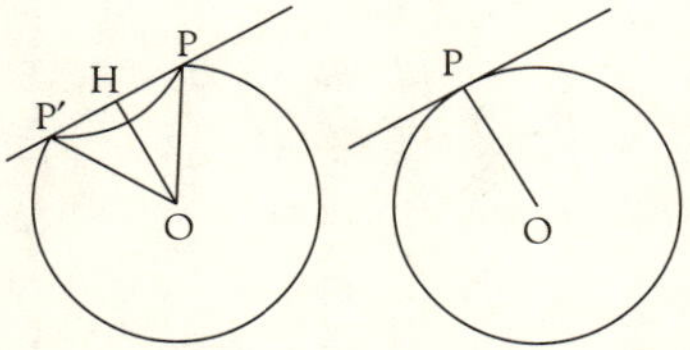

接線とは……

そしてそのことを彼らはつぎのように証明しました。

「もし、OとPを結ぶ半径が接線に垂直でなかったとすれば、Oから接線に下した垂線の足HはPと異なるはずである。そこで、点Hに関する、点Pの対称点をP′とすれば、PとP′もちがう点である。

ところが、この図はOHに関して対称であるから、OPとOP′は同じ長さをもつはずである。ところがOPは考えている円の半径であるから、OP′も半径となる。したがって点P′もまた考えている円上の点ということになる。

つまり、接線と円とは、P、P′という二つの点を共有していることになる。ところがこれは、接線は円とただ一点Pを共有しているという仮定に反する。

したがって、「直線と円とが接していれば、接点を通る半径と接線とは垂直である」

静から動へのニュートンの数学

以上要するにギリシアの幾何学は、そこにあたえられている図形の性質を研究するという意味で、いわば静的な幾何学でした。

これに対して、イギリスのニュートン（一六四二―一七二七年）は、幾何学ばかりでなく、数学のなかへ、いわば動的な考え方というものを導入しました。

ギリシアの静的な考え方と、ニュートンの動的な考え方を対比するために、この接線に対するニュートンの動的な考え方を左に述べてみましょう。

まず、Oを中心とする円周上に一点Pをとり、点Pの接線を定義するのにつぎのようにします。

「円周上に点Pとちがう点Qをとり、PとQとを結ぶ直線PQを考える。ここで点Qをこの円に沿って点P

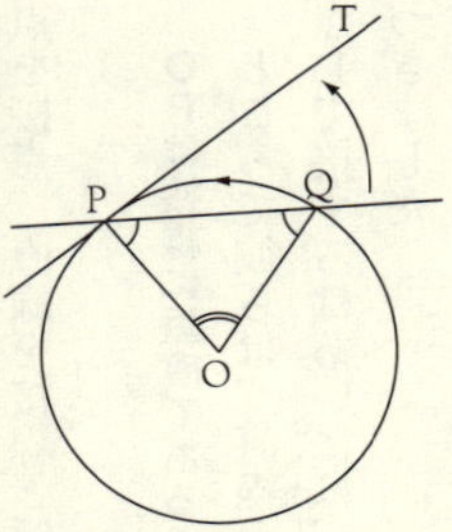

接線を定義すると

へ限りなく近づけてみる。このばあい直線ＰＱは、どんな直線に近づいてゆくであろうか」

いやおうなしに垂直になる

まず、ＯＰとＯＱは、いずれも半径で長さが等しいから、三角形ＯＰＱは二等辺三角形です。したがって、角Ｐと角Ｑは等しく、また、角Ｐと角Ｑと角Ｏを加えたものは二直角に等しいわけです。

ところが、点Ｑが円に沿って点Ｐに近づいてゆけば、角ＰＯＱは限りなく0に近づいてゆき、したがって、角Ｐと角Ｑは、ともに直角に近づいてゆきます。したがって、点Ｑが円に沿って点Ｐに限りなく近づいてゆけば、直線ＰＱは、Ｐで半径ＯＰに垂直な直線ＰＴに限りなく近づいてゆきます。

この考え方は、円の接線ばかりでなく、一般の曲線と接線にまで拡張することができます。

曲線一般とその接線へ

すなわち、まず曲線上に一つの点Ｐをきめます。つぎに、この曲線上にＰと異なるほかの点Qをとり、PとQを結ぶ直線を考えて点Qを曲線に沿って点Pへ限りなく近づけてみます。

このとき、もし直線PQが、Pを通る一定の直線PTに限りなく近づいてゆくならば、この直線PTを、点Pにおけるこの曲線への接線といいます。

以上、接線に対するギリシアの人たちの考え方と、ニュートンの考え方とを比較してみると、ギリシアの人たちの考え方が静的ともいうべきものであり、ニュートンの考え方が、ひじょうに動的なものであることは容易に理解されるでしょう。

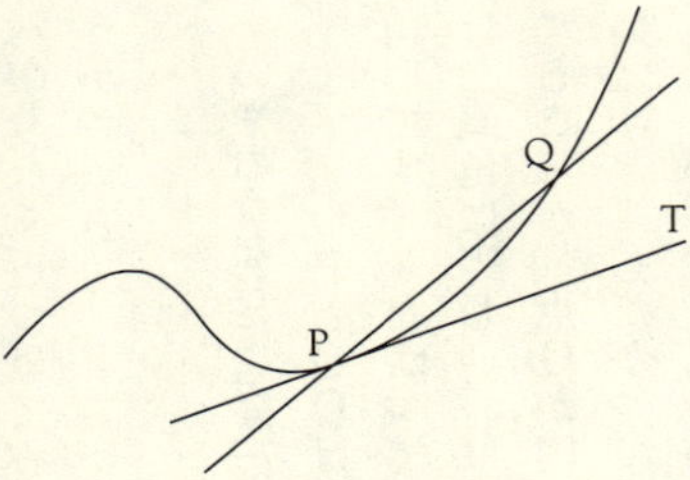

曲線への接線

この考えにしたがって、関数、

$$y=f(x)$$

のグラフに対して、その上の一点Pでの接線を求めてみましょう。

$y=f(x)$上の点Pでの接線

まず、Pの座標をxおよびyとします。つぎに、このグラフ上にほかの一点Qをとり、Qのx座標はPのそれよりh、y座標はPのそれよりkだけ増しているとしましょう。このとき、QからOXへ下した垂線にPから下した垂線の足をRとすれば、

$$PR=h \qquad RQ=k$$

ですから、$\dfrac{k}{h}$は、直線PQの傾きを表わしています。ところが、

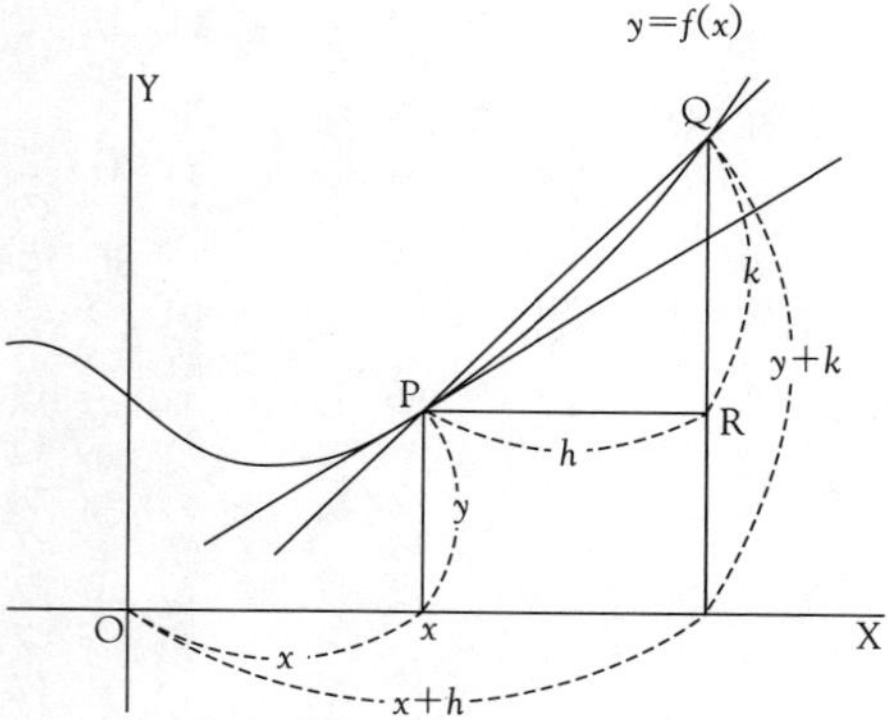

$$y+k=f(x+h)$$

$$y=f(x)$$

よって，

$$\frac{k}{h}=\frac{f(x+h)-f(x)}{h}$$

です。このとき、点Qがグラフに沿って点Pへ限りなく近づいてゆけば、hもkも限りなく0に近づいてゆきます。そして、もし、$\frac{k}{h}$がある一定の値に近づいてゆけば、それは、直線PQの傾きが、ある一定の傾きに近づいてゆくことを示しています。

すなわち、h、したがってkが限りなく0に近づいてゆくとき、もし$\frac{k}{h}$がある一定の値に近づいてゆくならば、それは点Pにおける接線の傾きである、ということになります。

この接線の傾きは、P、したがってxできまるものですから、これを、

$$y'=f'(x)$$

で表わして、最初にあたえられた関数の導関数といいます。すこし例をやってみましょう。

導関数 $y'=f'(x)$ の例

$y=x^3$

$y+k=(x+h)^3$

$=x^3+3x^2h+3xh^2+h^3$

よって，

$k=3x^2h+3xh^2+h^3$

$\dfrac{k}{h}=3x^2+3xh+h^2$

よって，

$y'=3x^2$

また、

$y=-3x^2$

$y+k=-3(x+h)^2$

$=-3x^2-6xh-3h^2$

よって，

$k=-6xh-3h^2$

$\dfrac{k}{h}=-6x-3h$

よって，

$y'=-6x$

最後に、

$$y=2$$

$$y+k=2$$

よって，

$$k=0$$

$$\frac{k}{h}=0$$

よって，

$$y'=0$$

これから、これらを加えた、

$$y=x^3-3x^2+2$$

に対しては，

$$y'=3x^2-6x$$

$$=3x(x-2)$$

であることがわかります。

頂上と谷底では導関数は0に

ところがある関数のグラフが山となる場所、または谷となる場所では、接線の傾き、すなわち導関数は0となるはずです。

したがって、いま求めた導関数を0とおけば、

$3x(x-2)=0$

よって，

$x=0$

または，

$x=2$

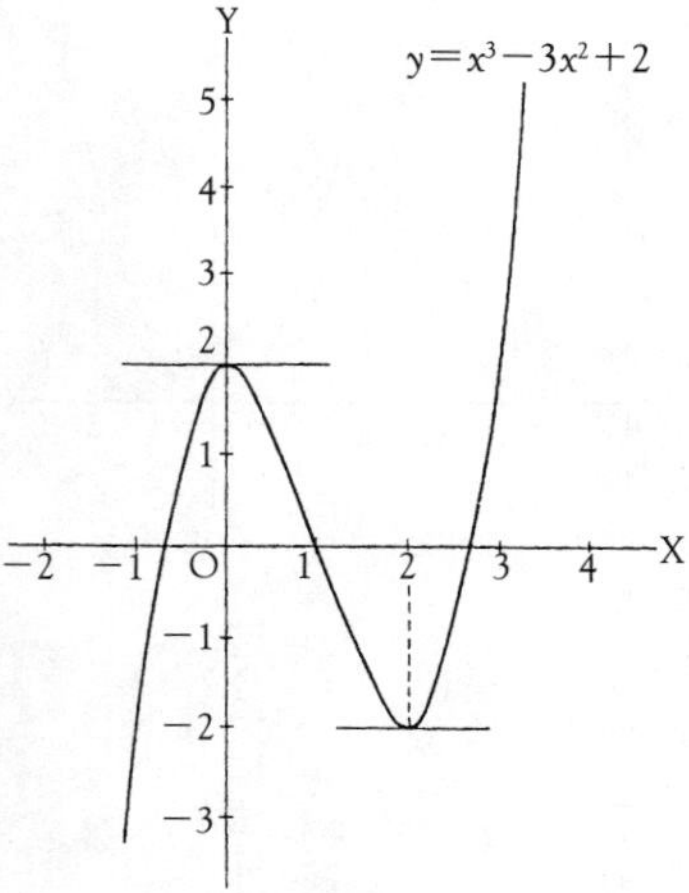

となりますから、もし考えている関数のグラフに山または谷となる場所があれば、それはxが0または2のときであることがわかります。

事実、考えている関数のグラフは、xが0のときに山となり、xが2のとき谷となっています。

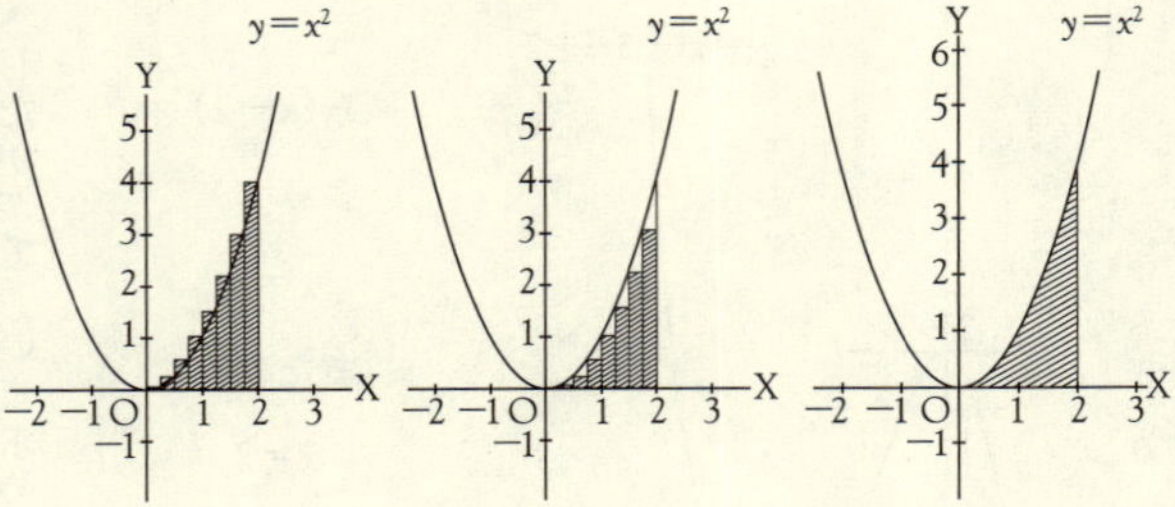

3　積分学

区分求積法はつねに有効か

いま、放物線、

$y=x^2$

のグラフとx軸とにはさまれた、xが0から2まで変わる部分、つまり上図の斜線を施した部分の面積というものを考えてみましょう。

このような部分の面積を求めるのに、ギリシアの人たちは区分求積法という方法を用いたことは、円の面積の求め方の一つとして、さきに述べました。それは、考えている面積が、図の階段状の面積の一方よりは大きく、他方よりは小さいことに注意しておいて、この0と2のあいだの割り方を限りなく細かくしていって、それから、考えている面積を求めようとする方法のことでした。

この区分求積法は、考えている面積をつつむ曲線が特殊なものであるばあいにはひじょうに有効ですが、考えている面積をつつむ曲線が一般のものであるばあいには、かならずしも有効ではありません。

ニュートンとライプニッツの方法

ニュートンとライプニッツ（一六四六―一七一六年）は、考えている面積を囲む曲線が一般のものであるばあいにもあてはまるような求積法を、つぎのように考え出しました。

いま、正の関数、

$$y=f(x)$$

のグラフとx軸とのあいだにあって、xがaからbまで変わったときに囲まれる部分の面積を求めるものとしましょう。

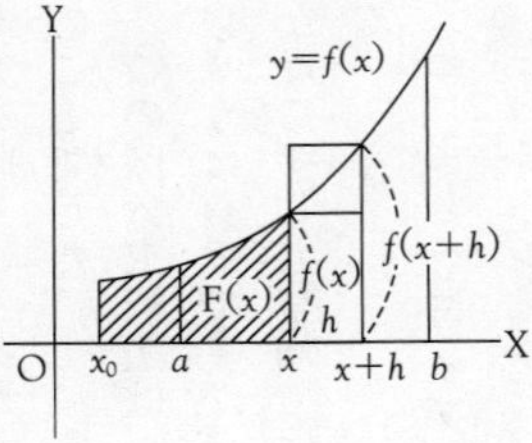

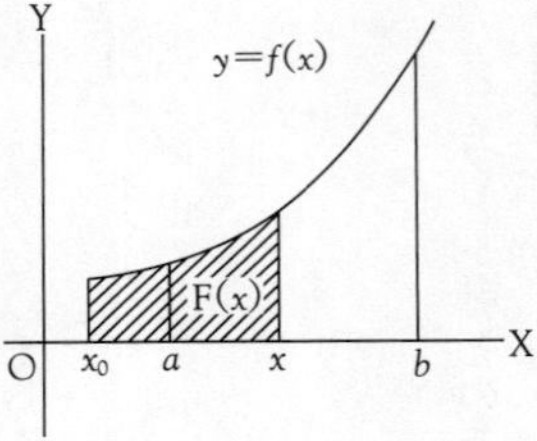

このとき、同じくこの関数のグラフとx軸とのあいだにあって、xが特定のx_0から一般のxまで変わったときに囲まれる部分の面積を

$$F(x)$$

とすれば、考えている面積はつぎの式であたえられます。

$$F(b)-F(a)$$

その計算法

さて、これを計算するのに、ニュートンとライプニッツは、つぎのようなくふうをこらします。

いま、考えている関数$f(x)$は、問題の区間で増加してゆくものと仮定すれば、図からすぐわかるように、xをxから正のhだけ増加させて、それに対する$\mathrm{F}(x)$の増加を考えれば、それは、図の二つの長方形のあいだにあります。したがって、

$$hf(x)<\mathrm{F}(x+h)-\mathrm{F}(x)<hf(x+h)$$

$$f(x)<\frac{\mathrm{F}(x+h)-\mathrm{F}(x)}{h}<f(x+h)$$

よってhが0に近づけば，

$$\mathrm{F}'(x)=f(x)$$

すなわち、わたくしたちが問題にしている面積を表わす関数$\mathrm{F}(x)$は、その導関数が、あたえられた関数$f(x)$に等しくなるようなものであることがわかります。

不定積分と定積分

ここに、ある関数からその導関数を求める微分法という演算に対して、あたえられた関数が導関数になるようなもとの関数を求めるという、その逆の演算が登場するわけです。

このように、あたえられた関数$f(x)$が導関数になるような関数を、もとの関数の不定積分と呼んで、

$$F(x) = \int f(x)dx$$

$$F(b) - F(a) = \int_a^b f(x)dx$$

という記号で表わします。そしてさらに、

と書き、これを関数$f(x)$のaからbまでの定積分といいます。そして、これらの記号はすべてライプニッツの考え出したものです。

放物線とxの移動で生じる面積

これらの考えを使い、

$$y=x^2$$

という放物線とx軸のあいだにあって、xが0から2まで変わるときに囲まれる部分の面積を求めてみましょう。まえに、

$$y=x^3$$

とすれば、

$$y'=3x^2$$

であるのをみましたが、まったく同様に、

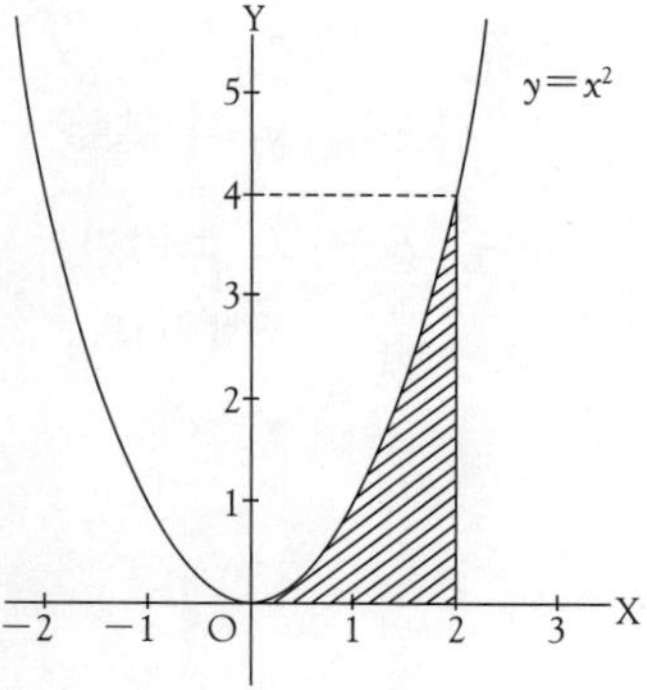

$$y=\frac{1}{3}x^3+c$$

（c は定数）

とすれば，

$$y'=x^2$$

であることを証明することができます。

したがって、

$$\int x^2dx=\frac{1}{3}x^3+c$$

よって，

$$\int_0^2 x^2dx=\frac{1}{3}(2^3-0^3)$$

$$=\frac{8}{3}$$

すなわち、問題の面積は$\frac{8}{3}$です。

第五章　トポロジー

1　一筆がき

トポロジー誕生の町

かつて東プロシアに、ケーニヒスベルクと呼ばれる町がありました。この町は、第二次世界大戦のときドイツ軍がたてこもって、てごわく抵抗しましたが、一九四五年四月九日、ついにソ連軍の手に帰してしまいました。そして、四五年七月のポツダム会談によって、この町はソ連にあたえられました。

それによって町の名は、ケーニヒスベルクから、ソ連の革命家、ミハイル＝イバノビッチ＝カリーニンの名をとったカリーニングラードに改められました。

さて、いまのカリーニングラード、むかしのケーニヒスベルクは、これから述べようとするトポロジー誕生の地といってもよいのです。

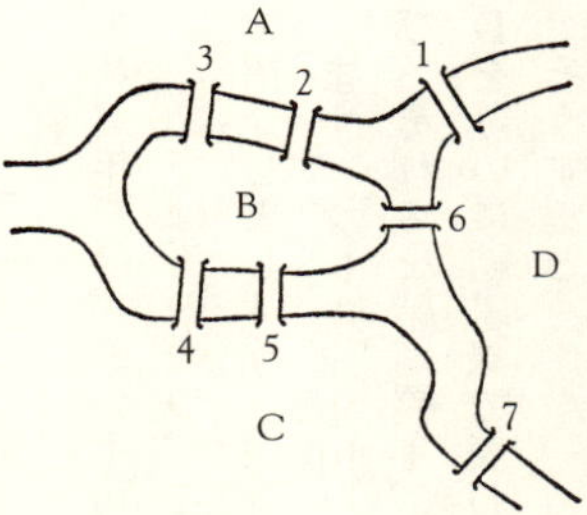

ケーニヒスベルクの橋渡りの問題

　このケーニヒスベルクの町をよぎって、プレーゲル川が流れ、図のように、1、2、3、4、5、6、7という七つの橋がかかっていました。

　さて、あるときこのケーニヒスベルクの市民のひとりが、つぎのような問題を提出しました。

「同じ橋を二度渡らないで、すべての橋をちょうど一度ずつ渡るように散歩をすることができるか」。

　これはおもしろい問題だと思ったケーニヒスベルクの市民たちは、いろいろな散歩の仕方を地図の上でやってみました。

渡れずその証明もできず

　たとえば次ページの図の点線のように歩いてみると、Aの部分から始めて、1、6、2、3、4、7の橋を渡ってDの部分に達しますが、これでは5の橋が抜けています。5の橋を渡るためには、もう一度6か7の橋を渡らなければなりません。

　こうして、ケーニヒスベルクの市民たちの異常な努力にもかかわらず、だれひとり

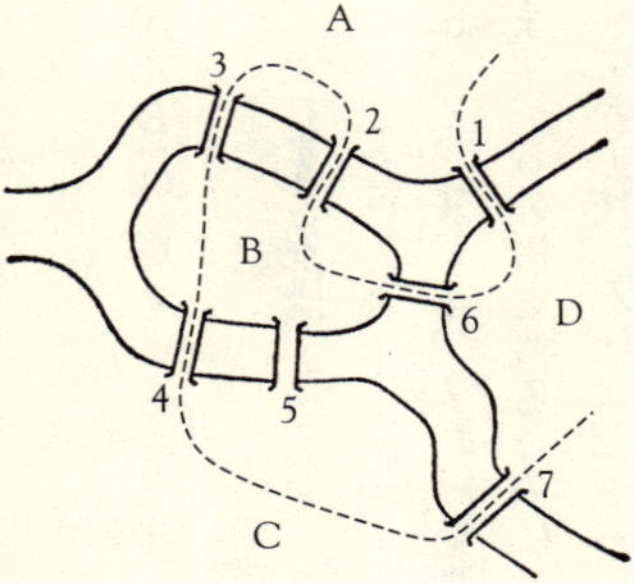

どの橋も一度ずつ渡るようにするには？

としてこれに成功するものはありませんでした。

したがって、「同じ橋を二度渡らないで、すべての橋をちょうど一度ずつ渡るように散歩する」ことは不可能なのではないかと思い始めたのですが、不可能であるということの証明はだれにもできなかったのです。

一筆がきの問題にすると

これを聞いた当時の数学者オイレル（一七〇七―八三年）は、この不可能の証明に対して、二つのうまい方法を示しました。

ここではその一つ、この問題を一筆がきの問題に直してその不可能を証明する方法を紹介しましょう。

まず、プレーゲル川でへだてられた四つの部分を、それぞれA、B、C、Dと呼び、それらを結ぶ橋1、2、3、4、5、6、7を、それぞれ、これらA、B、C、Dを互いに結ぶ線で表わしてみると、つぎの図がえられます。

そうすると、

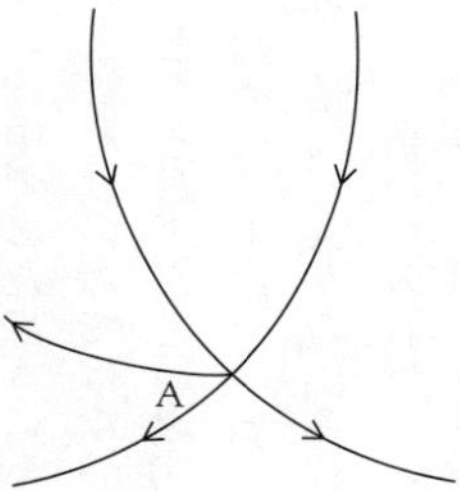

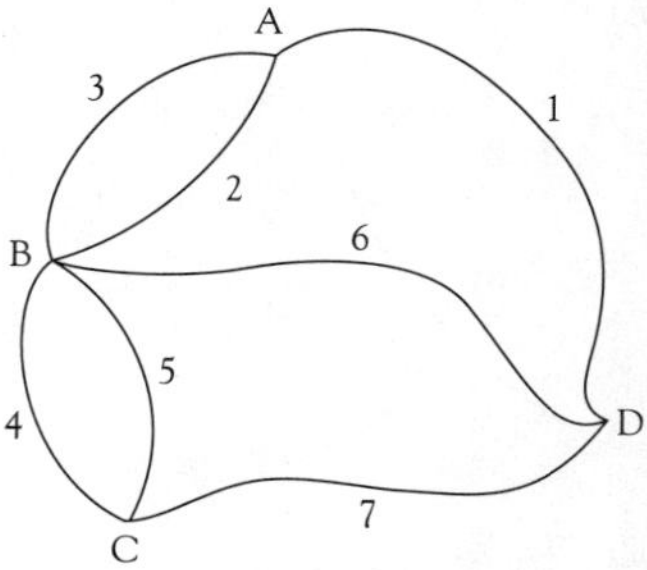

一筆がきに直すと

「同じ橋を二度渡らないように、すべての橋をちょうど一度ずつ渡るように散歩することができるか」

という問題は、

「同じ線を二度なぞらないように、すべての線を一筆でかいてしまうことができるか」

という、いわゆる一筆がきの問題に直されてしまいます。

奇数本の線が出る点A

そこでつぎに、同じ線を二度なぞらないで、一筆でかいてしまうことのできる図のことを、以下にすこし研究してみましょう。

まず、ある一筆がきで、上図のように、点Aがかき始めの点であって、かき終わりの点ではないとしましょう。このばあいには、まずAからかき始めるとき、そこから一本の線が出ます。そして、一筆がきの途中でまた点Aにもどってくることがあるかもしれませんが、そのときは、Aはかき終わりの点ではないのですから、Aは通過するだけです。

ところが、Aを通過するたびに、Aから出る線の数は二本ずつ増してゆきます。かき始めに一本出て、あとはAを通過するたびに二本ずつの線が増してゆくのですから、結局、Aから出る線の数は奇数である、ということになります。このことを結果として書いてみれば、

(1) 一筆がきで、かき始めであって、かき終わりでない点からは、奇数本の線が出ている。

となります。

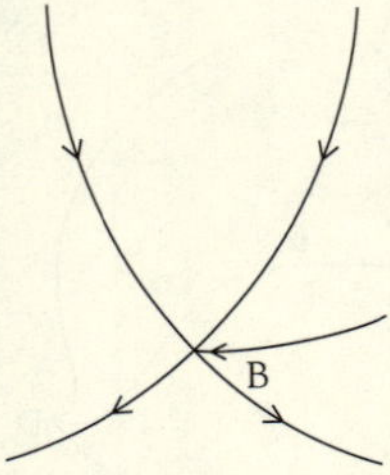

奇数本の線が出る点B

つぎに、ある一筆がきで、点B（上図）がかき始めの点ではなく、かき終わりの点であったとしてみましょう。Bはかき始めの点ではないが、一筆がきの途中で、何回かBを通過するかもしれません。しかし、まえにも述べたように、Bを通過するたびに、点Bから出る線の数は二本ずつ増してゆき

ます。そして最後にBでかき終わるわけですが、このときはBでとまるのですから、Bから出る線は一本増します。

Bを通過するたびに二本ずつの線が増していって、最後にBに終わる線が一本つけ加わるのですから、結局、Bから出る線の数は奇数である、ということになります。つまり、

(2)一筆がきで、かき始めではなくて、かき終わりである点からは、奇数本の線が出ている。

となります。

偶数本の線が出る点A＝B

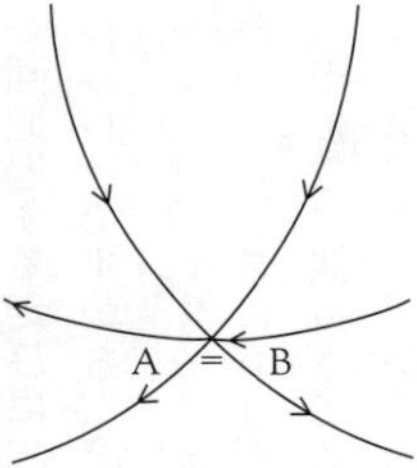

つぎに、ある一筆がきで、ある点がかき始めの点であると同時に、かき終わりの点でもあったとしてみましょう（上図）。これはまえに述べた点Aと点Bとが一致したばあいであると考えることができます。この点はかき始めの点ですから、そのかき始めに、まず一本の線が出ます。つぎに、一筆がきの途中で、この点を何回か通過するかもしれませんが、

一回通過するたびに二本の線が増してゆきます。そして最後にこの点で一筆がきは終わるわけですから、そのときこの点から出る線は一本だけふえます。

このように、かき始めに一本、そこを通過するたびに二本ずつ、そして最後のかき終わりのときにもう一本、この点から出る線は増すのですから、結局、この点から出る線の数は偶数本である、ということになります。つまり、

(3)一筆がきで、かき始めであると同時に、かき終わりである点からは偶数本の線が出ている。

偶数本の線が出る点C

最後に、ある一筆がきで、点C（上図）がかき始めの点でも、かき終わりの点でもないとしてみましょう。このばあいには、一筆がきは、点Cを通過するだけです。ところが、もう何回も述べたように、点Cを通過するたびに、点Cから出る線の数は二本ずつ増してゆきます。したがって、結局、点Cから出る線の数は偶数本である、ということになります。つまり、

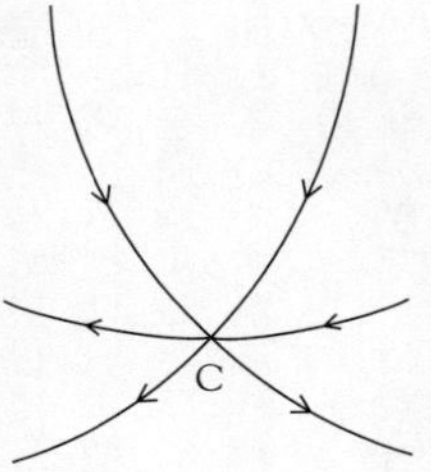

(4)一筆がきで、かき始めでも、かき終わりでもない点から

は、偶数本の線が出ている。

となります。

一筆がきの定理とその応用

以上で、すべてのばあいをつくしているわけですから、これらから、

「一筆がきにおいては、そこから奇数本の線の出ている点は、かき始めの点であるか、またはかき終わりの点でなければならない」

という、ひじょうにたいせつな定理がえられます。

まずこの定理を左の有名な一筆がきに応用してみましょう。

点はA、B、C、D、E、Fと六つありますが、そのうちAとBからは奇数本の線が出ており、C、D、E、Fからは偶数本の線が出ています。したがって、AとBとは、いずれか一方がかき始めの点で、他方がかき終わりの点でなければなりません。このことを頭におけば、この一筆が

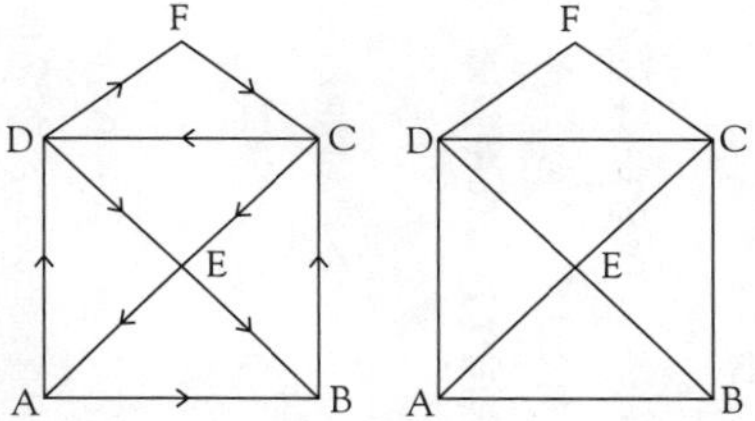

一筆がきの応用

きの答えは容易にえられるでしょう。

たとえば、図のようにAから始めてBに終わるようにくふうすれば、答えがえられます。

これをもし、A、B以外の点から始めるならば、この図をけっして一筆でかくことはできません。

屋根をとったら定理にそむく

それなら、この有名な一筆がきから、屋根の部分をとってしまった次の図を、一筆でかけるかどうかを調べてみましょう。

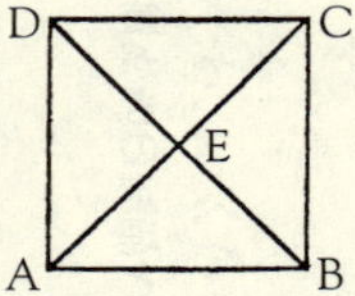

まず、奇数本の線の出ている点を調べてみると、それはA、B、C、Dの四点で

す。ところで、まえの定理によれば、奇数本の線の出ているこれら四つの点は、かき始めの点か、かき終わりの点でなければなりません。しかし、四つの点がいずれもかき始めの点か、またはかき終わりの点であるということはありえませんから、この図は、一筆でかくことは不可能である、ということになります。

橋渡り問題へのオイレルの解答

さて、以上のことを頭において、まえのケーニヒスベルクの橋渡りの問題を考えてみましょう。この問題は、次の図が一筆でかけるかどうかという一筆がきの問題に直されるのでした。

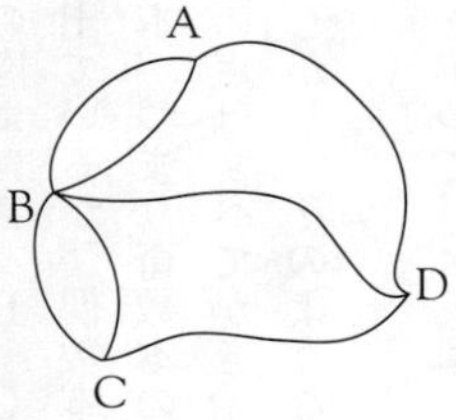

この図にはA、B、C、Dという四つの点がありますが、これらの点から奇数本の線が出ているか、偶数本の線が出ているかを調べてみますと、すべてから、三本または五本、つまり奇数本の線が出ています。したがって、まえの定理によって、これら四つの点はすべてかき始めの点か、またはかき終わりの点でなければならないわけです。しかし、そのようなことは不可能ですから、この図は一筆でかくことはできません。

したがって、ケーニヒスベルクの町を、同じ橋を二度渡らないで、すべての橋を一度ずつ渡って散歩をすることはできない、というのがケーニヒスベルクの橋渡りの問題に対するオイレルの答えです。

2　トポロジー

形は変わっても性質は残る

さて、まえの一筆がきの図を、一つのゴムの膜の上にかいておいて、これをA、B、C、D、Fという五つのすみを持って引っ張ってごらんなさい。

つぎのページの上の一筆がきの図は、きっと下の図のようにゆがんでしまいます。

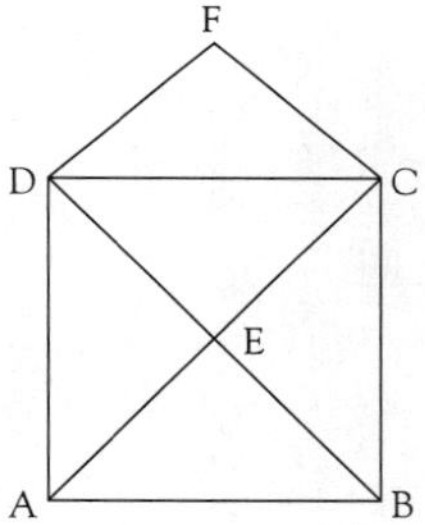

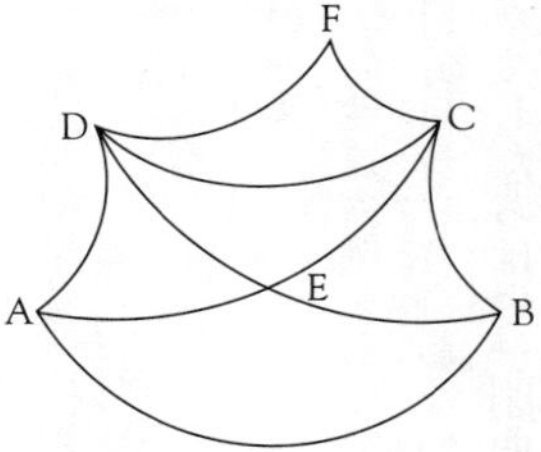

しかし、ゆがんでも、一筆でかけるという性質は残っています。すなわち、ゆがんだほうの図もやはり一筆でかけます。

ところで、このゴムの膜を引っ張るという変形は、つぎの性質をもっています。すなわち、点が点に移り、最初離れていた点はやはり離れた点に移る。また、最初近かった点は、変形ののちにもやはり近い点である。——ということです。

位相変換とその条件

一般に、一つの図形Fに、ある操作を施して他の図形F′をうるとき、もしつぎの条件が満足されていたならば、これを位相変換と呼びます。

(1)この変換は一対一である。

すなわち、最初の図形F上の一点Pには、変換された図形F′上のただ一点P′が対応し、変換された図形F′上の一点には、最初の図形F上のただ一点が対応する。

(2)この変換は両連続である。

すなわち、最初の図形F上に二点P、Qをとって、点Qを点Pに限りなく近づけてゆけば、変換された図形F′上でこれに対応する点Q′も点P′へ限りなく近づいてゆく。また逆に、変換された図形F′上で点Q′が点P′へ限りなく近づいてゆけば、これに対応する最初の図形F上でも、対応する点Qは点Pへ限りなく近づいてゆく。

まえに述べたように、ある図形が一筆でかけるかかけないかという性質は、この位相変換で変わらない性質です。

このように、ある図形Fの性質であって、この位相変換で変わらないような性質だけに着目してこれを研究していく幾何学を、位相幾何学、またはトポロジーと呼びます。

位相変換で変わらない図形の性質

位相変換で変わらない図形の性質の例をあげてみましょう。

まず、平面上にあって、自分自身きり合わない、閉じた連続な曲線を考えてください。このような曲線を、わたくしたちは単一閉曲線と呼びます。

まことに当然なことですが、

「単一閉曲線は、平面全体を、内部と外部と呼ばれる、ちょうど二つの部分に分ける」

という性質をもっています。もちろん、有限のところに横たわる部分が内部で、無限にひろがる部分が外部です。

このばあい、内部にある二点A、Bどうしは、やはり内部にある連続な曲線で結びうるし、外部にある二点C、Dどうしは、やはり外部にある連続な曲線で結びえますが、内部の点Aと外部の点Cを結ぶ連続曲線は、かならずこの単一閉曲線と交わります。

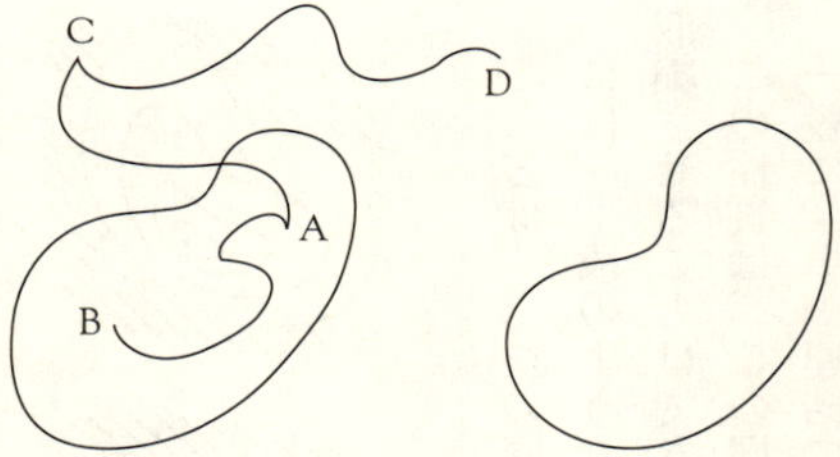

単一閉曲線

単一閉曲線のこの性質は、位相的な変換によって変わらない性質ですが、これは、ジョルダン（一八三八―一九二二年）がはじめてその著「解析学講義」に述べたもので、ジョルダンの定理と呼ばれています。

単一連結・多重連結な領域

まず平面上に一つの円をかいてみましょう（上図）。いまこの円の内部に、一つの単一閉曲線を考えれば、この閉曲線は円の内部での連続的な変形によって一点に収縮させることができます。

そしてこの性質は、まえに述べた位相的な変換によってそのまま保たれています。

このように、その内部にかいた単一閉曲線を、その内部で連続的に一点に収縮させうるとき、その領域を単一連結な領域といいます。

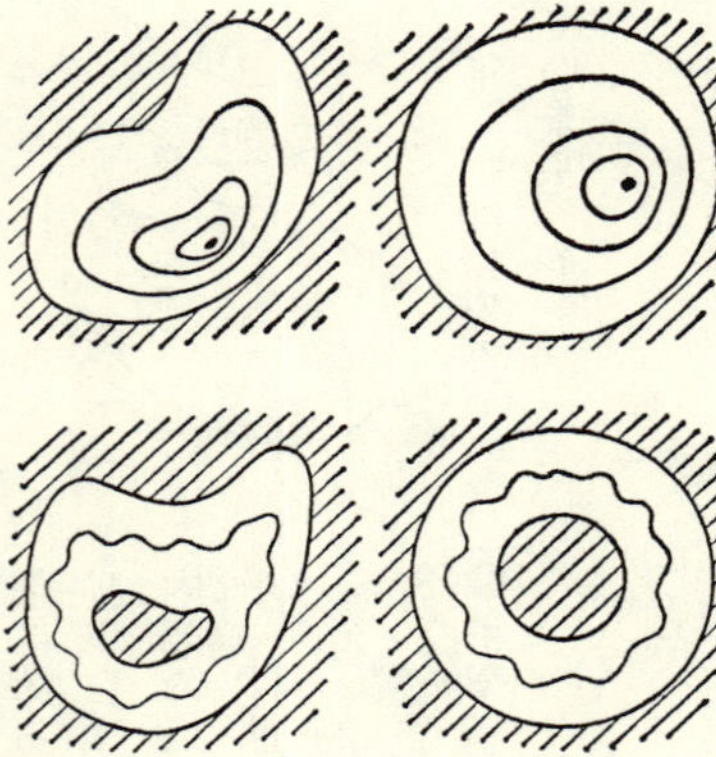

こんどは、二つの同心円のあいだにはさまれた領域を考えてみましょう。このばあいには、下段のような閉曲線は、この領域内だけの連続的な変形によっては、一点に収縮させることはできません。

この性質は、この同心円に位相的な変換を施しても保たれます。

一般に、単一連結ではない領域を、多重連結な領域といいます。

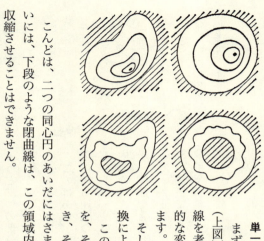

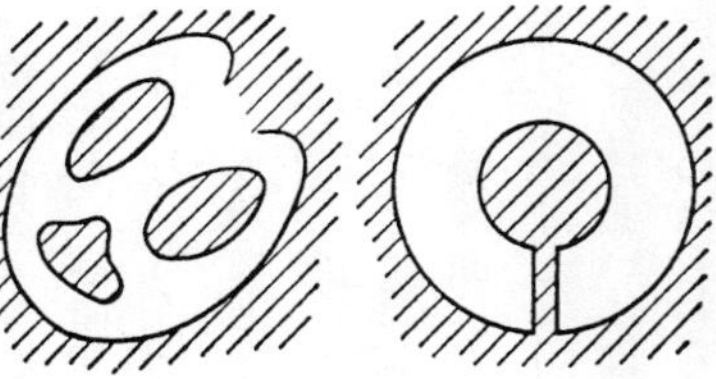

二重および三、四重連結な領域

しかし、いま考えた二つの同心円で囲まれた領域は、上図の右のように、境界線上の一点から境界線上の他点へ向かう一つの切り口を入れることによって、単一連結な領域に直すことができます。このような領域をわたくしたちは二重連結な領域といいます。

同様に、三重連結な領域、四重連結な領域、……などを定義することができます。上図の左は、四重連結な領域の例です。

ある領域がn（正の整数）重連結であるという性質は、位相的な性質です。

球面および輪環面と単一閉曲線

つぎに立体の例をあげましょう。

まず一つの球を考えて、その上にいわゆる単一閉曲線をかいてみましょう。この閉曲線は、球をかならず二つの部分に分けます。すなわち、もし球面をこの閉曲線に沿

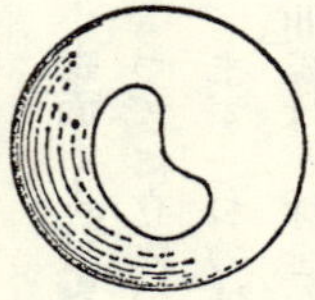

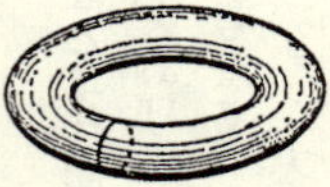

って切ったとすれば、球面は二つの離れた部分に分かれてしまいます。

ではつぎに、ドーナッツ、または浮袋の形、すなわち輪環面を考えてみましょう。このばあいには、その上にかいた単一閉曲線は、かならず輪環面を二つの部分に分けるとは限りません。たとえば、上の図のように単一閉曲線をかいたとすれば、これは輪環面を二つの部分に分けてはいません。つまり、この単一閉曲線に沿って切ったとしても、輪環面は二つの部分に離れてしまうことはないのです。

しかし、もう一つ、ほかの単一閉曲線をつけ加えれば、輪環面はかならず二つの部分に分かれてしまいます。たとえばつぎのページの上の図のとおりです。

ドーナッツを二つに分けない線の数

この輪環面は、いわば穴の一つあいた曲面ですが、こんどは穴が二つあいた曲面を考えてみましょう。

このばあいには、その上にかいた一つの単一閉曲線が、この曲面を二つの部分に分けないのはもちろんですが、つぎの図が示しているように、その上にかいた二つの単

一閉曲線も、この曲面を二つの部分に分けてはいません。

しかし、もし三つの単一閉曲線をその上にひけば、曲面がかならず二つの部分に分かれてしまうことは、上の図の示すとおりです。

このように、閉じた曲面に対しては、その上にかきうる、曲面を二つの部分に分けない単一閉曲線の数というものが考えられます。この数をわたくしたちは曲面の示性数と呼びます。

いままでの話からわかるように、球面の示性数は0、輪環面の示性数は1、穴が二つあいた曲面の示性数は2……、一般に穴がp個あいた曲面の示性数はp、そして、この曲面の示性数は、位相変換によっては変わらないものです。

3　多面体

頂点の数－辺の数＋面の数＝2

ピタゴラス学派が、正多面体には、正四面体・正六面体・正八面体・正十二面体・

正二十面体の五種類しか存在しないことを証明したことは、もうまえに述べました。

いまこの図を見ながら、これらの正多面体がもっている頂点の数、辺の数、そして面の数を数えてみると、右の表がえられます。

ここで、頂点の数から辺の数を引き、それに面の数を加えたものをつくると、

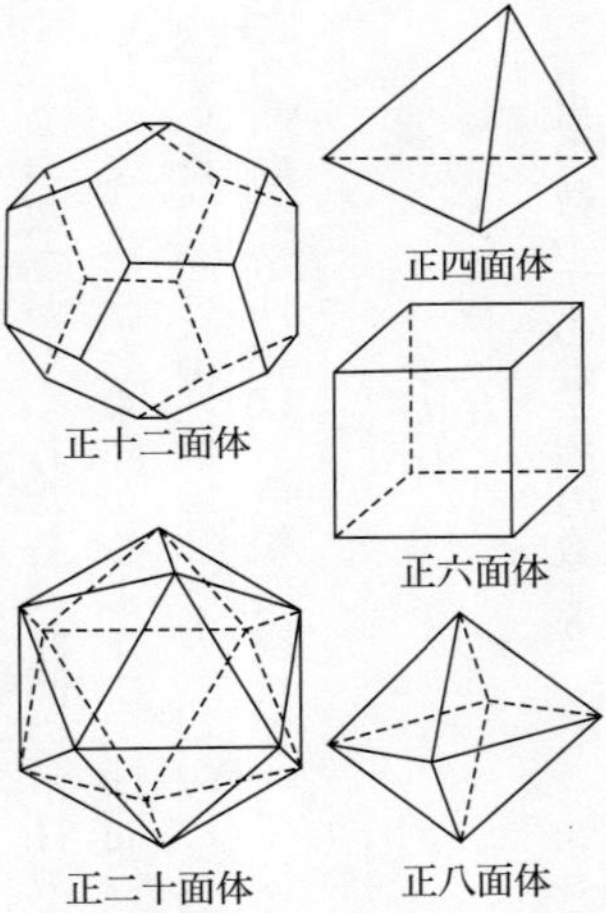

	頂点	辺	面
正四面体	4	6	4
正六面体	8	12	6
正八面体	6	12	8
正十二面体	20	30	12
正二十面体	12	30	20

頂点		辺		面		
⋮		⋮		⋮		
4	−	6	+	4	=	2
8	−	12	+	6	=	2
6	−	12	+	8	=	2
20	−	30	+	12	=	2
12	−	30	+	20	=	2

となって、いずれも2になってしまいます。

それを「オイレルの定理」という

これは、頂点の数をVで、辺の数をEで、面の数をFで表わせば、いつでも

$$V-E+F=2$$

という式が成り立っていることを示しています。そして、一筆がきの問題を解いたオイレルは、

「示性数が0である多面体に対しては、いつでもこの式が成り立つ」

ことを証明しました。たとえば左のような多面体では、

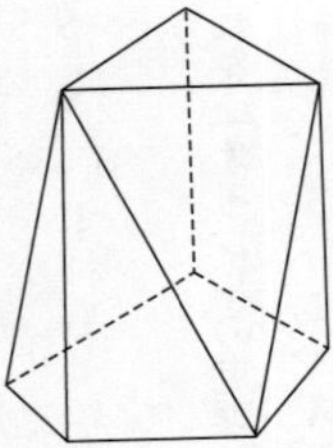

頂点…8　辺…14　面…8

したがって

$$8 - 14 + 8 = 2$$

というわけです。この事実はオイレルの定理と呼ばれていますが、この証明を紹介してみましょう。

証明にはまず上部の三角形をとる

まず、この多面体から、一つの面、たとえば上部の三角形をとり去ってしまったも

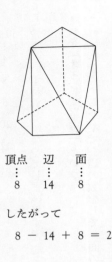

$V-E+F'=1$

(1)

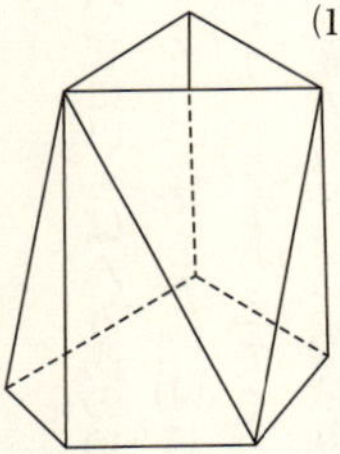

(2)

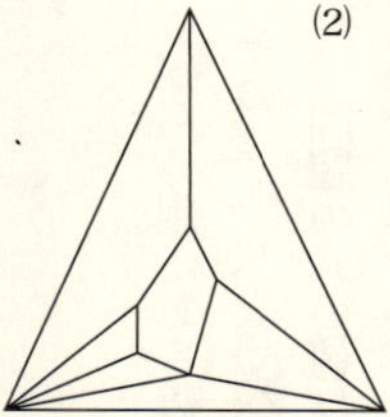

(3)

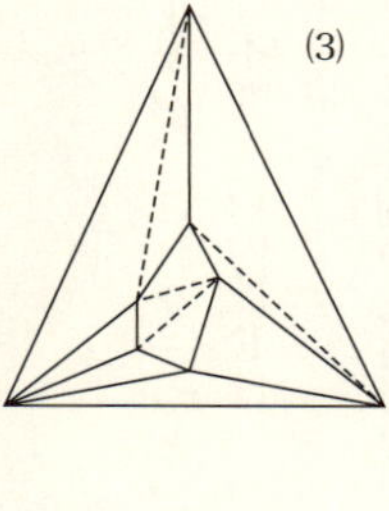

のを考えてください。このとき、面の数F′は一つ減っていますから、この多面体(1)に対しては上の式を証明すればよいわけです。

それには、この多面体はゴムでできていると考えて、とり去った三角形の頂点を持って、これを平面の上にひろげてみます。そうすると左のような図(2)がえられますが、このなかには、三角形も四角形も五角形もあります。

そこで、三角形以外の四角形・五角形に対しては、これらを三角形に分けるために、点線のような対角線をひきます（図(3)）。

ところが、対角線を一本ひくと、頂点Vの数は不変、辺Eの数は一本増すけれども、面F′の数も一つ増しますから、問題の式の値は不変です。

つぎにいちばん外側の辺を

こうしてできた図(4)には、いちばん外側にある辺がありますが、これを一つとってしまうことを考えてください。そのばあい、頂点Vの数は不変、辺の数Eは一つ減り、面の数F′は一つ減りますから、問題の式の値はやはり不変です。

この操作を三度行なえば、図(5)となりますが、この図でさらに外側の三角形の一辺をとり去るという操作を行なえば、図(6)がえられます。

(4)

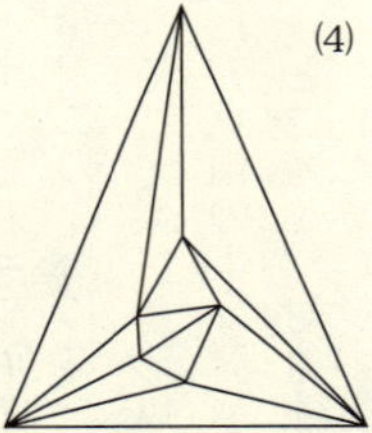

(5)

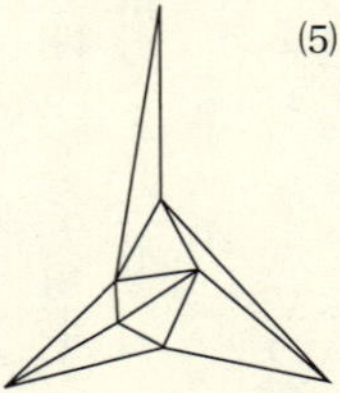

V−E+F′

(6)

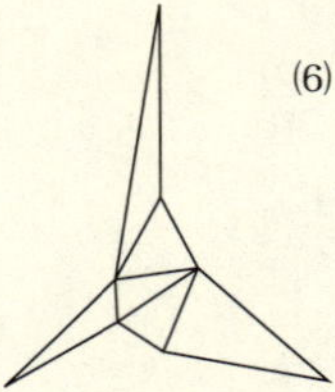

V−E+F′

ここでいちばん外側の頂点を

そこでこんどは、いちばん外側の三角形の一つの頂点とそこを通る二辺をとり去るという操作を行なってみましょう。このときには、頂点Vの数は一つ減り、辺の数Eは二つ減り、面の数F′も一つ減るのですから、このばあいにも、問題の式の値は不変です。

この操作を図(6)に対して行なえば、まず左の図(7)がえられますが、これに対してさらに外側の三角形の一つの頂点と、そこを通る二つの辺をとり去るという操作を続けてゆけば、図(8)、(9)がつぎつぎとえられます。しかも、まえにも述べたように、これらの操作をしても、問題の式の値は不変です。

(7)

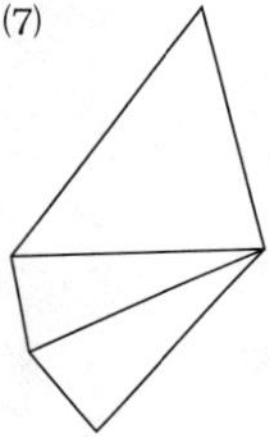

V−E+F′

(8)

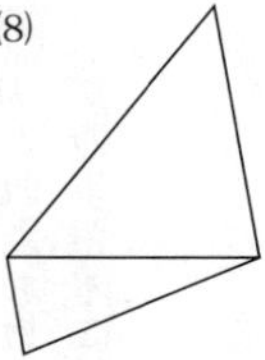

V−E+F′

(9)

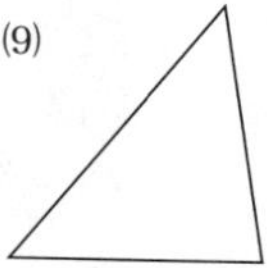

V−E+F′=1

それで定理は証明

こうして最後に残るのは一つの三角形ですが、この三角形に対しては、頂点の数Vは3、辺の数Eは3、面の数F′は1ですから、問題の式の値は1です。したがって、

$$V-E+F'=1$$

ところが

$$F'=F-1$$

よって、

$$V-E+F=2$$

となって、オイレルの定理は証明されたわけです。

オイレルはさらに、示性数がpの多面体に対しては、つぎの式の成り立つことを証明しました。

$$V-E+F=2-2p$$

この式の右辺は、考えている多面体の標数と呼ばれています。

多面体の示性数も標数も、その位相的な変換によって変わらないものです。

第六章　集　合

集合とは

数学の一つの分科に、集合論というのがあります。集合というのは要するに物の集まりのことですが、とくに無限に多くの物の集まりを論ずるものを集合論と呼んでいます。これは、ドイツのハルレ大学の教授ゲオルグ＝カントール（一八四五―一九一八年）の創始したものです。

しかし、集合が無限に多くの物を含んでいるばあいの議論はいささか複雑ですから、ここでは、集合が有限個の物を含むばあいについて、集合の性質のいくつかを述べてみましょう。

1　並び方の集合

「可能性の集合」の扱い方

まず、つぎの問題を考えてみてください。

「A、Bふたりの人が並んで写真をとりたいと思っている。その並び方をすべてあげよ」

これはやさしいでしょう。A、Bのふたりが一列に並ぶばあい、その可能性はつぎの二とおりしかありません。この二つのばあいの集合を、わたくしたちは可能性の集合と呼んで、つぎの記号で表わします。

{AB, BA}

すなわち可能性をすべて列挙して、これらを中カッコでつつんでおくのです。わたくしたちは、今後、集合そのものを扱うことが多いので、この可能性の集合自身を一つの文字、たとえばIで表わして、つぎのように書きます。

I＝{AB, BA}

三人の並び方の集合

では、つぎの問題はどうでしょう。

「A、B、Cという三人が並んで写真をとりたいと思っている。その並び方をすべてあげよ」

人数が三人にもなると、ばあいの数を数え落とすおそれがありますから、すこし組織的に考えていってください。

まず、いちばん左には、Aが来るか、Bが来るか、Cが来るかです。

そこで、いちばん左に、Aが来たとしてみましょう。そうすれば、そのAの右へは、Bが来るかCが来るかです。Aの右にBが来れば、その右はC、また、Aの右にCが来れば、その右はBにきまってしまいます。

つぎに、いちばん左に、Bが来たとすると、Bの右には、Aが来るかCが来るかです。Bの右にAが来れば、その右はC、また、Bの右にCが来れば、その右はAにきまってしまいます。

最後に、いちばん左に、Cが来たとすると、Cの右には、Aが来るかBが来るかです。Cの右にAが来れば、その右はB、また、Cの右にBが来れば、その右はAにきまってしまいます。

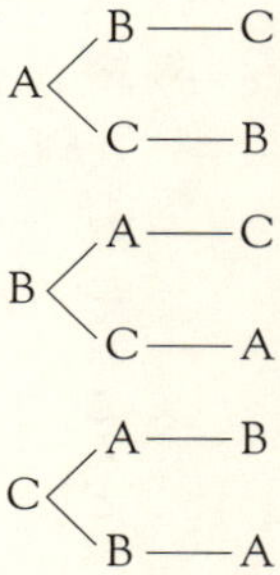

三人の並び方の数の計算法

以上で考えうるすべてのばあいをつくしていますから、A、B、Cという三人の人が並んで写真をとるばあいに考えられるすべての可能性の集合は、上のとおりであることがわかります。

I＝{ABC, ACB, BAC, BCA, CAB, CBA}

一般に、一つの集合をつくっている個々の物を、その集合の元素といいます。この可能性の集合は六個の元素を含んでいますが、この6という数がどこから来たかおわかりですか。

この並び方に対しては、いちばん左には、A、B、Cのうちのだれかひとりが来るのですから、考えうるばあいの数は3です。ところがその一つ一つのばあいに対して、左から二番めのところに来るのは、いちばん左の人を除いた残りのふたりのうちのだれかです。したがって、左から二番めの場所に対して考えうるばあいの数は2です。そこで、いちばん左とその右の人の並び方に対して考えうるばあいの数は3×2ということになります。ところが、いちばん左の人とその右の人がきまれば、そのまた右の人は、一とおりにきまってしまいます。ですから、三人の人が並ぶ並び方の数は、3×2×1で、6となるわけです。

四人以上の計算も「数の階乗」で

まったく同様に、四人の人が並ぶとすれば、その並び方の数は4×3×2×1であることがわかります。また五人の人が並ぶとすれば、その並び方の数は、5×4×3×2×1であることがわかります。

このように、ある数から始めて、数を一つずつ減らしながら1まで掛けたものを、その数の階乗と呼んで、上のような記号で表わします。

4×3×2×1＝4！

5×4×3×2×1＝5！

6×5×4×3×2×1＝6！

⋮

ではこんどは、つぎの問題はどうでしょう。

四人のうちふたりが並ぶばあい

「A、B、C、Dという四人のうちの、ふたりが並んで写真をとりたいと思っている。このばあいの並び方をすべてあげよ」

これもまえの考え方で処理できるはずです。すなわち、左に来るのは、A、B、C、Dのうちのだれかです。

もし左に来たのがAであれば、右には、A以外のB、C、Dのだれかが来ます。もし左に来たのがBであれば、右には、B以外のA、C、Dのだれかが来ます。またもし左に来たのがCであれば、右には、C以外のA、B、Dのだれかが来ます。そして最後に左に来たのがDであれば、右には、D以外のA、B、Cのだれかが来るわけです。

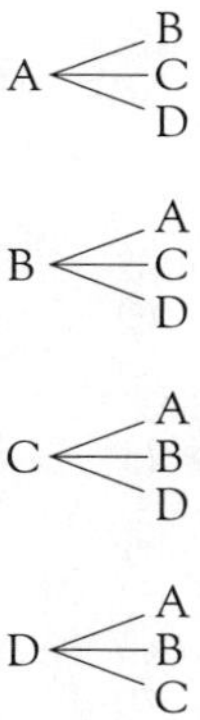

$I=\{AB, BA, CA, DA,$
$AC, BC, CB, DB,$
$AD, BD, CD, DC\}$

$4\times3=12$

それが十二個になるわけは

これでたしかにすべてのばあいをつくしているのですから、このばあいの可能性の集合は上のようになります。

このばあい、可能性の集合は十二個の元素を含んでいますが、この数の由来はもうおわかりでしょう。左には、A、B、C、Dのだれかが来ますから、その来方の数は四とおり、その一つ一つに対して、右には、左に来た人を除いた三人のうちのだれかが来ますから、その来方の数は三とおり、したがって、四人のうちのふたりが並ぶ並び方の数は、4×3の十二とおりとなるわけです。

これがわかれば、もうつぎの問題はやさしいでしょう。

四人のうち三人が並ぶばあいは

「A、B、C、Dという四人のうちの三人が並んで写真をとりたいと思っている。このばあいの並び方をすべてあげよ」

まず、まえのような表をつくってみれば、

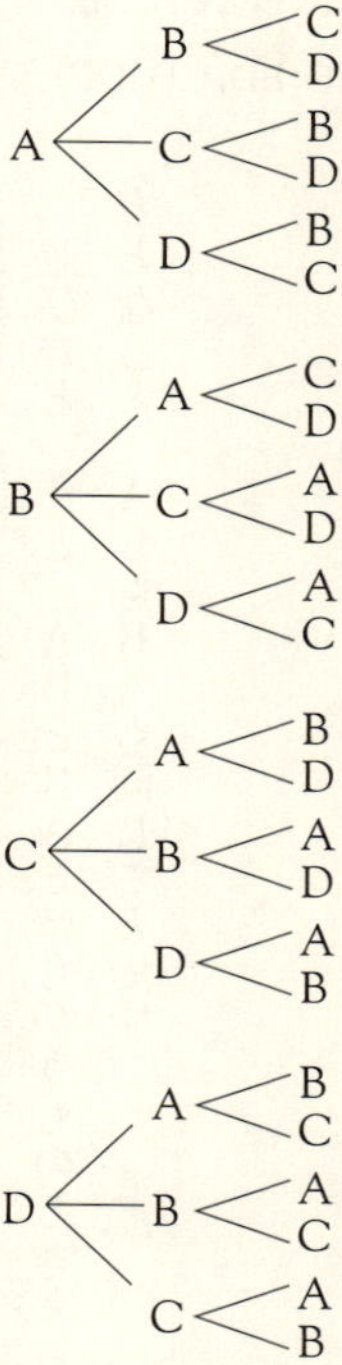

となるから、このばあいの可能性の集合は、上のようになります。その可能性の集合は二十四個の元素を含んでいますが、この24という数がどこから来たかはもうおわかりでしょう。いうまでもなく、

$$4\times3\times2=24$$

となっているわけです。

I＝{ABC, BAC, CAB, DAB,
ABD, BAD, CAD, DAC,
ACB, BCA, CBA, DBA,
ACD, BCD, CBD, DBC,
ADB, BDA, CDA, DCA,
ADC, BDC, CDB, DCB}

2　選び方の集合

さて、いままで述べてきたのは、並び方の集合でした。こんどは選び方の集合を問題にします。まず、つぎの問題から考えてみましょう。

四人のうちふたりを選ぶばあい

「A、B、C、Dの四人からなる委員会がある。いまふたりの常任委員を選びたい。その選び方をすべてあげよ」

わたくしたちはまえに、この四人のうちのふたりを並べる並べ方をすべて考えました。そしてその答えは上のようになったのでした。けれども、いまわたくしたちが考えているのは、並び方ではなくて、選び方です。

{AB, BA, CA, DA,
AC, BC, CB, DB,
AD, BD, CD, DC}

並び方というと、ABとBAとはちがうものと考えられますが、選び方となると、ABもBAも同じことです。

並ぶばあいの半数

したがって、まえの並び方の答えのなかには、選び方という見地からは同じものが含まれているわけです。しかしこれらは、ABとBA、ACとCA、ADとDA、BCとCB、BDとDB、CDとDCというぐあいに、かならず組になっていますから、これら同じものの一方をすててしまえば、それで上のように、選び方の表がえられます。

この選び方の集合は、六個の元素を含んでいますが、この6という数がどこから来たかはもはや明らかです。すなわち、四人のうちからふたりを選んで並べる並べ方の総数は12でしたが、そのなかには選び方という見地からは同じものが二つずつ組になっていたのですから、選び方の数は、この並べ方の数12を2で割った6となるわけです。

{AB,
AC, BC,
AD, BD, CD}

この四人のうちからふたりを選ぶ選び方の数は、つぎのように考えてもえられます。すなわち、まずAを選ぶか選ばないかです。もしAを選ぶとすれば、もうひとりはBかCかDですから、AB、AC、ADという組み合わせがまず考えられます。つぎにAを選ばないとすれば、Bを選ぶか選ばないかのどちらかです。もしBを選ぶとすれば、もうひとりはCかDですから、これで、BC、BDという選び方が考えられます。もしAもBも選ばないならば、もう選び方はCDよりほかありません。こうしてまえの六つの選び方がえられます。

四人のうち三人を選ぶばあいは

ではつぎの問題はどうでしょう。

「A、B、C、Dという四人のなかから、三人の人を選びたい。その選び方をすべてあげよ」

$$
\begin{aligned}
I=\{&\underline{ABC}, \underline{BAC}, \underline{CAB}, DAB,\\
&ABD, BAD, CAD, DAC,\\
&\underline{ACB}, \underline{BCA}, \underline{CBA}, DBA,\\
&ACD, BCD, CBD, DBC,\\
&ADB, BDA, CDA, DCA,\\
&ADC, BDC, CDB, DCB\}
\end{aligned}
$$

わたくしたちはまえに、やはりこの四人のうちの三人を並べる並べ方のすべてを考え、そしてその答えは上のようになりました。しかし、わたくしたちの考えているのは、並び方ではなくて、選び方です。

この選び方という見地からすると、この並び方のなかには同じものが含まれています。たとえば、上の表でアンダーラインをひいたものは、並び方でいえばちがうものであっても、選び方でいえば同じものです。

{ABC, ABD,
ACD, BCD}

このように考えて、同じものをすべて除いてしまえば、四人のうちから三人を選ぶ選び方は、上の四つしかないことがわかります。この選び方の集合は四つの元素を含んでいますが、この4という数が出てくる理由はもう明らかでしょう。

並び方は六つ、選び方は一つ

四人のうちから三人を選んで並べる並べ方の数は24でしたが、そのうちの六つずつは、並び方ではちがうものであっても、選び方では同じですから、選び方の数は、並び方の数24を6で割った4なのです。

A、B、C、D四人のうちから三人を選ぶ選び方のすべてを見いだすには、つぎのような考え方もあります。

A、B、C、Dのうちから三人を選ぶということは、A、B、C、Dのうちのだれかひとりを抜かすということです。つまり、Aを抜かすか、Bを抜かすか、Cを抜かすか、Dを抜かすかによって、

ABC
ABD
ACD
BCD

という四とおりの選び方がえられます。

3　集合の結びと交わり

可能性の集合Ｉは部分集合Ｘ、Ｙを含む

さてわたくしたちは、四人の人Ａ、Ｂ、Ｃ、Ｄからふたりを選ぶ選び方の集合は、上のＩであることを見ました。

ここで、四人のうちからふたりを選ぶとき、そのなかにＡが選ばれているばあいの集合を考えてみましょう。それは上のＸという集合です。また、そのなかにＢが選ばれているばあいの集合を考えると、それは上のＹという集合です。

$I=\{AB, AC, AD, BC, BD, CD\}$

$X=\{AB, AC, AD\}$

$Y=\{AB, BC, BD\}$

このばあい、Ｘの元素はもちろんすべてＩの元素です。またＹの元素もすべてＩの元素です。

このようなばあい、IはX、Yを含む、または、X、YはIに含まれるといい、その事実をつぎのように表わします。

$$I \supset X \qquad I \supset Y$$

また、X、YはIの部分集合であるといいます。

部分集合Xと部分集合Yとの結び

さて、

Aが選ばれるばあいの集合をX
Bが選ばれるばあいの集合をY

とするとき、

AまたはBが選ばれるばあいの集合

は、いったいどうなっているでしょうか。

AまたはBが選ばれるばあいというのは、Aが選ばれるばあいの集合X、または、Bが選ばれるばあいの集合Yの、いずれかに属するばあいです。

このように、二つの集合X、Yがあるとき、集合X、または、集合Yに属する元素のつくる集合を、XとYとの結びと呼んで、これを上のような記号で表わします。

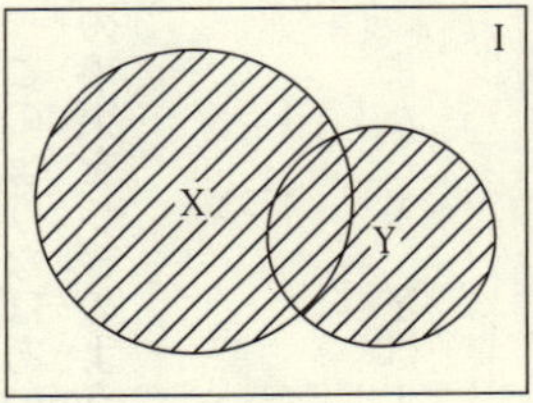

X∪Y

X＝{AB, AC, AD}

Y＝{AB, BC, BD}

X∪Y＝{AB, AC, AD, BC, BD}

集合の結びを「ベン図式」で

このような、二つの集合XとYの結びを一目でわかるように図示する一つの方法に、ベン図式というものがあります。

それには、まず、すべての可能性の集合Iを、一つの長方形の内部で表わし、その部分集合X、Yなどを、そのなかに描いた円の内部で表わすのです。

そうすれば、二つの集合XとYの結びは、上の斜線を施した部分で表わされます。

二つの部分集合XとYとの交わり

それなら、

Aが選ばれるばあいの集合をX

Bが選ばれるばあいの集合をY

とするとき、AとBが選ばれるばあいの集合はどうなっているでしょうか。
AとBが選ばれるばあいというのは、Aが選ばれる集合X、および、Bが選ばれる集合Yの両方に属するばあいです。

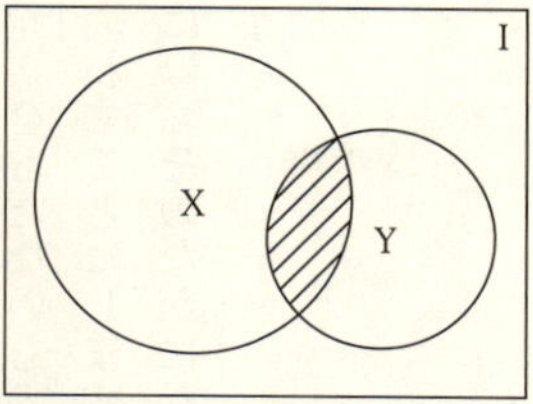

X＝{AB, AC, AD}

Y＝{AB, BC, BD}

X∩Y＝{AB}

X∩Y

このように、二つの集合X、Yがあるとき、集合X、および、集合Yに属する元素のつくる集合を、XとYの交わりと呼んで、これを上のような記号で表わします。

二つの集合X、Yの交わりをベン図式で表わすには、まず可能性の集合Iを長方形の内部で表わし、その部分集合XとYを、そのなかにかいた二つの円で表わせば、XとYとの交わりは、上の図の斜線を施した部分となります。

交わりのまったくない場合

しかし、二つの集合XとYの両方に属している元素のないことがあります。ベン図式でいえば、XとYを表わす円が重ならないばあいがあります。このときには、XとYの交わりは一つも元素をもっていないわけです。このように、一つも元素をもたないものも集合と考えて、これをOという記号で表わすことにします。中カッコにつつんだ形で表わすばあいには、そのなかになにも書かないで、これを表わすことにします。

$$O=\{\ \}$$

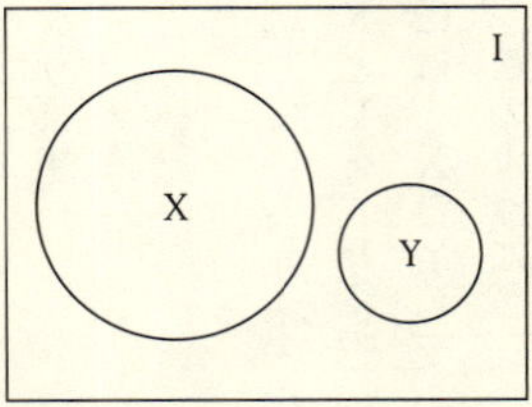

$X\cap Y=O$

4　集合の補集合

Iには属しXには属さない元素の集合

わたくしたちは、四人の人A、B、C、Dからふたりの人を選ぶ選び方を考えて、その集合をI、そしてそのうち、Aが選ばれているばあいを考えて、その集合をX、Bが選ばれているばあいを考えて、その集合をYとしました。

それでは、可能性の集合Iのうちで、Aが選ばれていないばあいの集合はどうなるでしょうか。

Aが選ばれていないばあいというのは、可能性の集合Iには属しているが、Aが選ばれているばあいの集合Xには属していないばあいの集合のことです。

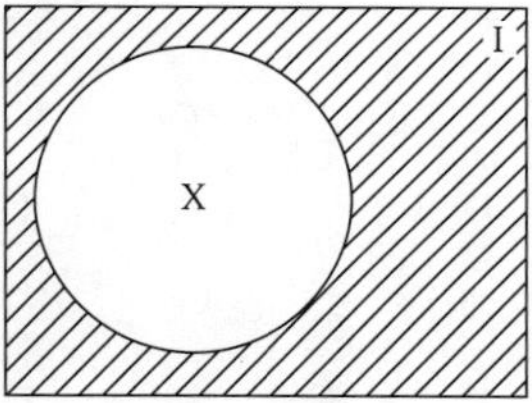

X′

I＝{AB, AC, AD, BC, BD, CD}

X＝{AB, AC, AD}

Y＝{AB, BC, BD}

よって，

X′＝{BC, BD, CD}

Y′＝{AC, AD, CD}

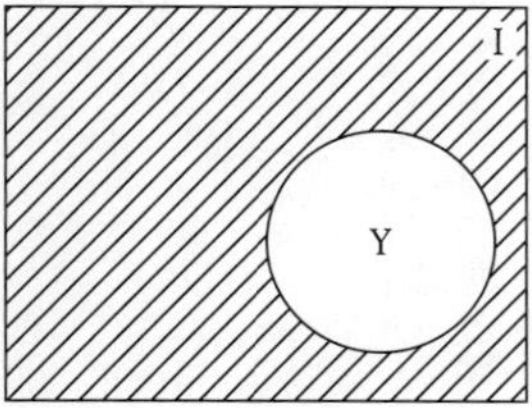

Y′

Iに関するXの補集合をX′という

このように、Iの部分集合Xがあるとき、Iに属してXには属さない元素の集合を、XのIに関する補集合と呼んで、これを記号X′で表わします。YのIに関する補集合についても同様で、それをY′で表わします。

XのIに関する補集合X′をベン図式で表わすために、Iを長方形の内部で、Xをそのなかにかいた円の内部で表わせば、XのIに関する補集合X′は、Iの内部で円の外部、すなわち前ページの図の斜線を施した部分で表わされます。

YのIに関する補集合Y′のベン図式についても同様です。

ド＝モルガンの法則1

さて、いままでに述べた、集合の結び・交わり、そして補集合という三つの関係に対して成り立つ、ド＝モルガンの法則と呼ばれる法則があります。

その一つは、つぎの式で表わされる事実、

$$(X \cup Y)' = X' \cap Y'$$

すなわち、XとYの結びの補集合は、Xの補集合X′と、Yの補集合Y′の交わりに等しいという法則です。まえの例でいえば、つぎのとおりであって、たしかにこの法則は成り立っています。

I＝{AB, AC, AD, BC, BD, CD}

X＝{AB, AC, AD}

Y＝{AB, BC, BD}

よって,

X∪Y＝{AB, AC, AD, BC, BD}

(X∪Y)′＝{CD}

また,

X′＝{BC, BD, CD}

Y′＝{AC, AD, CD}

よって,

X′∩Y′＝{CD}

この法則を証明するいちばんうまい方法は、おそらくベン図式によるものでしょう。

ベン図式によるその証明

まず、XとYの結びをつくって、その補集合に対して斜線を施せば、

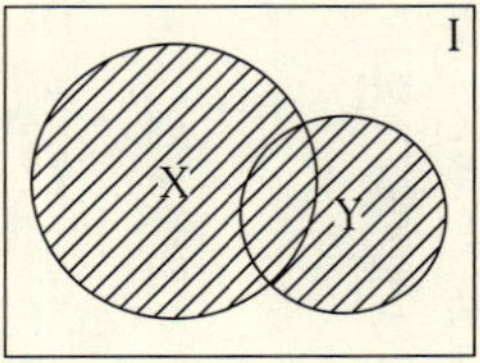

$X \cup Y$

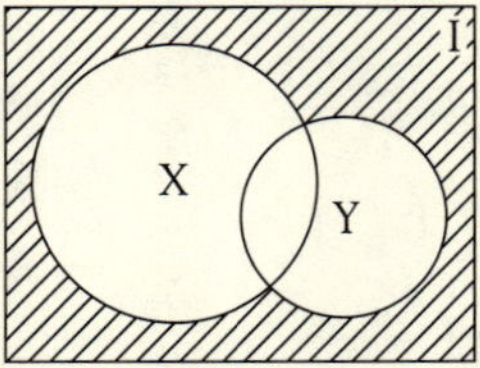

$(X \cup Y)'$

となります。つぎに、Xの補集合X'、Yの補集合Y'をつくり、その交わりをつくれば、

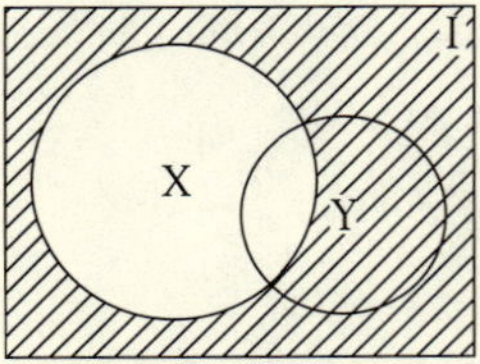

X'

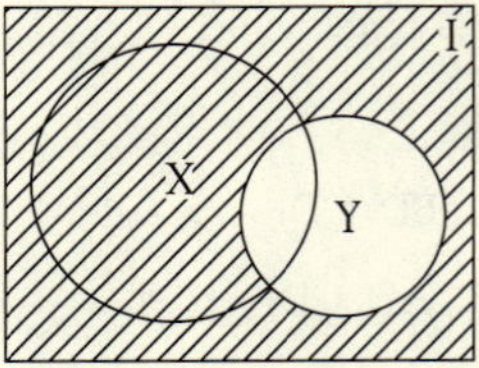

Y'

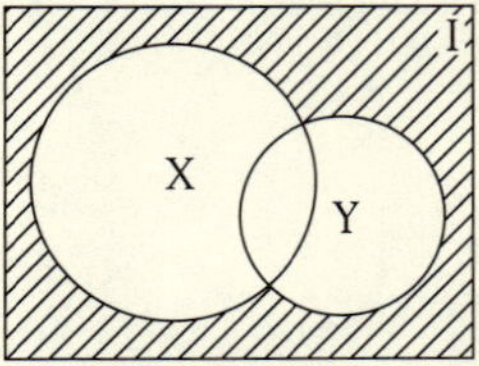

$X' \cap Y'$

となりますから、これらの図を見比べてみれば、右のド゠モルガンの法則1は明らかでしょう。

ド゠モルガンの法則2

もう一つのド゠モルガンの法則は、つぎの式で表わされます。

$$(X \cap Y)' = X' \cup Y'$$

これもベン図式を用いて証明してみましょう。

まず、XとYの交わりをつくり、その補集合に対して斜線を施せば、

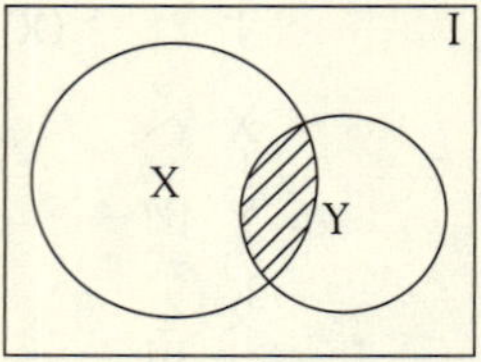

$X \cap Y$

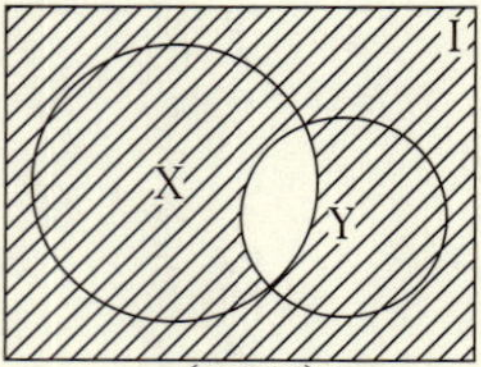

$(X \cap Y)'$

となります。つぎに、Xの補集合X′、Yの補集合Y′をつくり、その結びをつくれば、

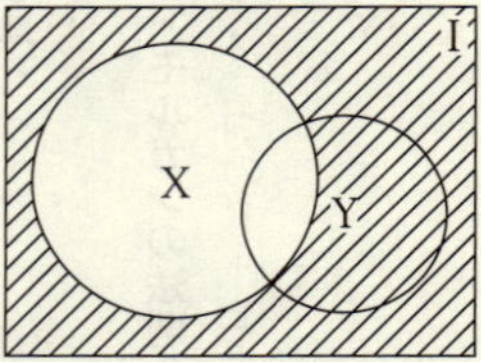

X'

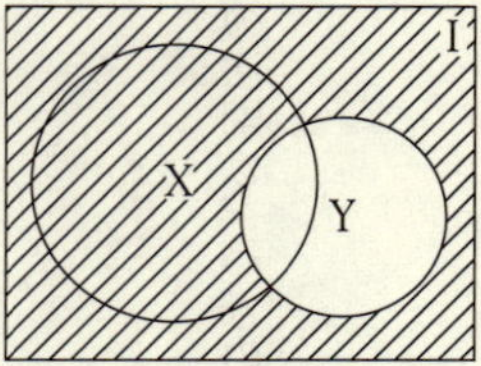

Y'

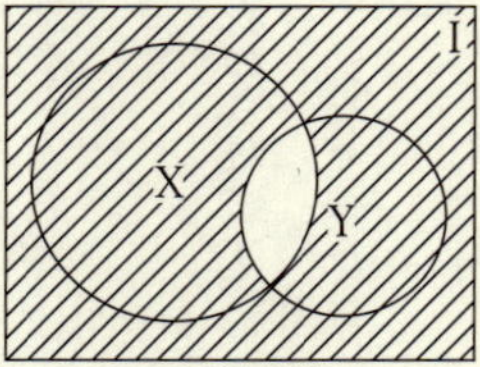

$X' \cup Y'$

となりますから、これらの図を見比べてみると、ド＝モルガンの法則2は証明されます。

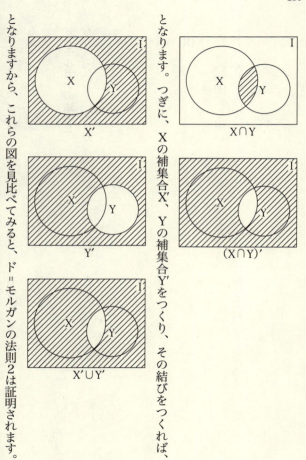

5　論理学と集合との関係

一つの命題を真にする集合

いま、一つのサイコロを机の上に投げてごらんなさい。そうすると、サイコロは、1、2、3、4、5、6のいずれかの目を出します。したがって、このばあいの可能性の集合Iは上のとおりです。

さて、このサイコロの目に対して、

「出た目は奇数である」

という文章を考えてみましょう。

このように、ある事柄を述べた文章であって、これが真であるか偽であるかが判定できるものを、わたくしたちは命題といいます。いまこの命題をpで表わしておきます。

この命題pは、可能性の集合Iの各元素に対して、真であるか偽であるかです。いま、この命題pが真になるようなばあいだけを考えると、それは上の集合Pとなります。

I=

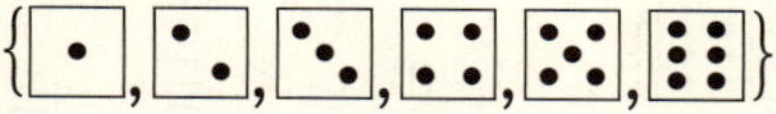

P=

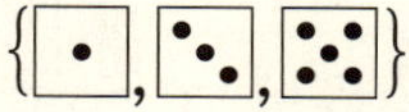

このように、ある命題pが真になるようなばあいの集合を、命題pの真理集合と呼びます。

二つの命題からつくる新命題「離接」

ある命題の真理集合pは、それに対応する大文字Pで表わされるのがふつうです。たとえば、

「出た目は3より大きい」

という命題をqとすれば、その真理集合Qは上のようになります。

さてわたくしたちは、二つの命題pとqがあるとき、それらから、

pまたはq

という新しい命題をつくることがあります。まえの例でいえば、

「出た目は、奇数であるか、または、3より大きい」

という新しい命題をつくることがあるわけです。

これをわたくしたちは、二つの命題pとqとの離接と呼び、つぎの記号で表わします。

Q= 

$$p \vee q$$

二つの命題pとqの離接は、pとqのいずれか一方が真であれば真で、pとqの両方が偽のときに偽となる命題です。

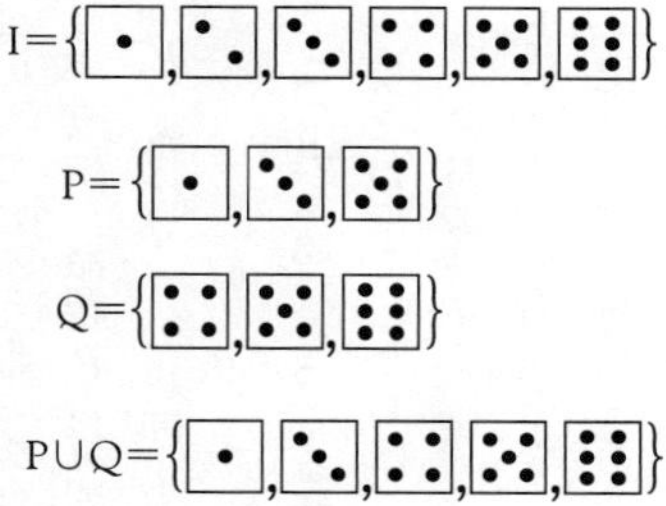

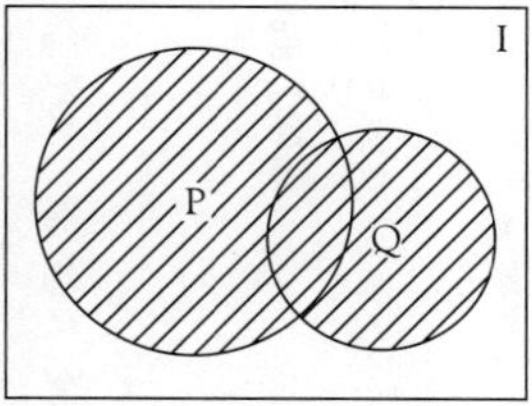

P∪Q

離接は「結び」となる

それなら、命題pの真理集合をP、命題qの真理集合をQとするとき、その離接「pまたはq」の真理集合はどうなるでしょうか。

まえの例でいえば、pとqの離接「pまたはq」は、「出た目は、奇数であるか、または、3より大きい」となるのですから、この命題の真理集合はPまたはQにはいっている元素の集合であり、つまり、PとQとの結びになっています。

一般に、命題pの真理集合をP、命題qの真理集合をQとするとき、それらの離接「pまたはq」の真理集合は、PとQとの結びとなります。

二つの命題からつくる新命題「合接」

またわたくしたちは、二つの命題pとqとがあるとき、それらから、

pおよびq

という新しい命題をつくることがあります。まえの例でいえば、

「出た目は、奇数であって、しかも、3より大きい」

という新しい命題をつくることがあるのです。

これをわたくしたちは、二つの命題pとqの合接と呼んで、つぎの記号で表わします。

$$p \wedge q$$

この二つの命題pとqの合接は、pとqの両方が真のとき真で、pとqのいずれか

一方が偽のときは偽の命題です。

それなら、命題pの真理集合をP、命題qの真理集合をQとするとき、その合接「pおよびq」の真理集合はどうなるでしょうか。

合接は「交わり」となる

まえの例でいえば、pとqの合接「pおよびq」は、「出た目は、奇数であって、しかも、3より大きい」となるのですから、この命題の真理集合は、PそしてQにはいっている元素の集合であり、いいかえれば、PとQの交わりになっています。

一般に、命題pの真理集合をP、命題qの真理集合をQとするとき、それらの合接「pおよびq」の真理集合は、PとQの交わりとなります。

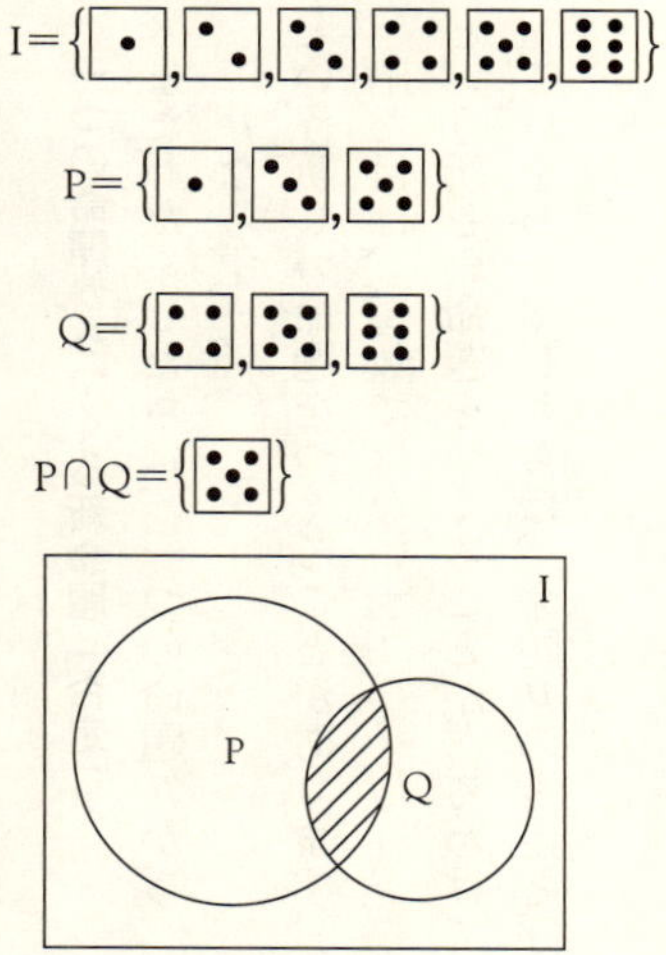

P∩Q

一つの命題からつくる新命題「否定」

またわたくしたちは、一つの命題pから、

pならず

という新しい命題をつくることがあります。まえの例でいえば、

「出た目は、奇数ではない」

という新しい命題をつくることがあるわけです。

これをわたくしたちは、命題pの否定と呼び、つぎの記号で表わします。

$\sim p$

命題pの否定は、pが真のとき偽で、pが偽のとき真となる命題です。

それなら、命題pの真理集合をPとするとき、その否定「pならず」の真理集合はどうなるでしょうか。

否定は「補集合」となる

まえの例でいえば、pの否定「pならず」は、「出た目は奇数ではない」となるの

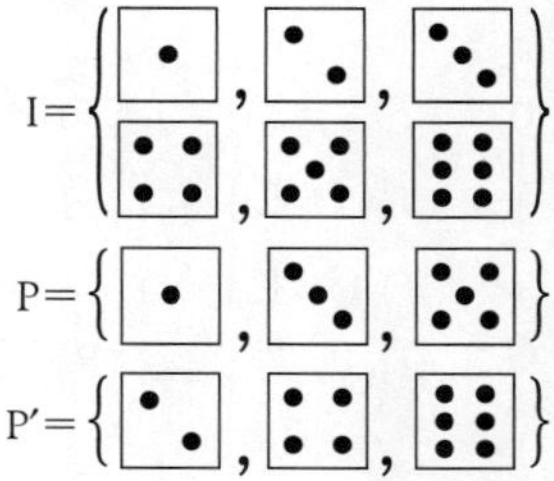

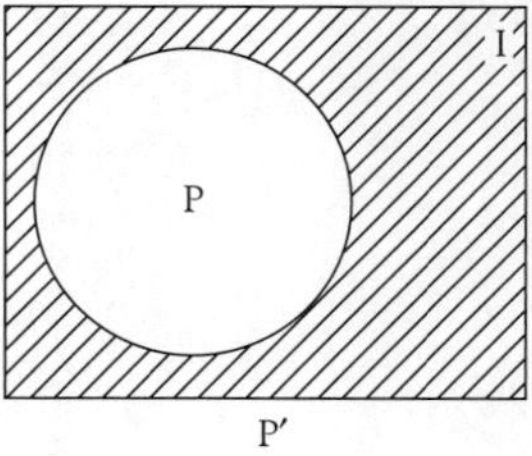

ですから、この命題の真理集合は、Pにはいっていない元素の集合です。つまり、Pの補集合なのです。

一般に、命題pの真理集合をPとすれば、pの否定「pならず」の真理集合は、PのIに関する補集合となります。

6　ブール代数とスイッチ回路

集合IとOとの結び・交わり・補集合

さて、集合としてはもっとも簡単な、ただ一つの元素aからなる集合を考えてください。この集合をIで表わすと、このIの部分集合は、I自身と、元素を一つも含まない空集合Oということになります。

Ｉ＝$\{a\}$　Ｏ＝{ }

ここで、ＩとＯとの相互の結びをつくってみると、

Ｉ∪Ｉ＝$\{a\}$＝Ｉ　Ｉ∪Ｏ＝$\{a\}$＝Ｉ　Ｏ∪Ｉ＝$\{a\}$＝Ｉ　Ｏ∪Ｏ＝{ }＝Ｏ

となります。また、ＩとＯとの相互の交わりをつくってみると、

Ｉ∩Ｉ＝$\{a\}$＝Ｉ　Ｉ∩Ｏ＝{ }＝Ｏ　Ｏ∩Ｉ＝{ }＝Ｏ　Ｏ∩Ｏ＝{ }＝Ｏ

となります。さらにＩとＯの補集合をつくれば、

$$I' = \{\ \} = O$$

$$O' = \{a\} = I$$

となります。

1たす1は1？

さて、ここでちょっとおもしろいことをしてみましょう。それは、Iのことを1、Oのことを0と書き、結びをとることを＋で、交わりをとることを×でおきかえてみると、いままでの表は、

$$1+1=1$$
$$1+0=1$$
$$0+1=1$$
$$0+0=0$$

$$1\times 1=1$$
$$1\times 0=0$$
$$0\times 1=0$$
$$0\times 0=0$$

$$1'=0$$
$$0'=1$$

となります。これは、わたくしたちのよく知っている算数の規則とは、1たす1が2ではなくて1であるという点と、ダッシュをつけるという規則がつけ加わっていると

いう点だけがちがいます。

この奇妙な規則をもった算数、そしてそれにもとづくブール代数と呼ばれている代数は、イギリスの論理学者であり、数学者であるG＝ブール（一八一五—六四年）が見いだしたものです。

このブール代数の規則を、スイッチ回路で表わす方法があります。

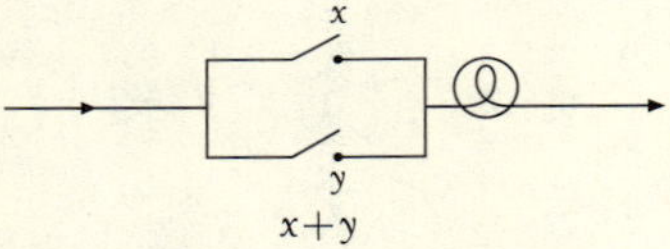

ブール代数を、スイッチ回路にすると

それは、1を電流の通っている状態で、0を電流の切れている状態で表わすという方法です。つまり、あいだにスイッチを入れたばあいには、1に対してはスイッチを閉じ、0に対してはスイッチをあけることになります。

まず、二つのスイッチxとyとを、上の図のように並列におけば、これでブール代数の加え算ができます。事実このスイッチ回路は、x、yのいずれかが1であれば、つまりx、yのいずれかが閉じれば、そこに電流が流れ、答えは1となります。また、二つのスイッチxとyとを、下の図のように

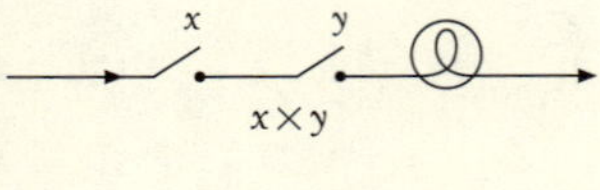

直列におけば、これでブール代数の掛け算ができます。

二進法

さて、最近評判の電気計算機は、このブール代数と電気回路の関係をその原理としています。

ブール代数は、0と1からできているのですが、わたくしたちにおなじみの代数のうちで、0と1だけからできているものがあるでしょうか。それはあります。つまり、0と1だけで数を書き表わす二進法による代数です。

まず、最初の1は、

$$1$$

です。つぎに、2は、これに1を加えたものですが、二進法というのは、2になるともう、一けた上がる数の数え方ですから、2は、

$$\begin{array}{r} 1 \\ +\,1 \\ \hline 1\,0 \end{array}$$

となります。つぎに3ですが、3はこれにさらに1を加えて、

$$\begin{array}{r} 10 \\ +\ 1 \\ \hline 11 \end{array}$$

となります。つぎは4ですが、4はこれにさらに1を加えて、

$$\begin{array}{r} 11 \\ +\ 1 \\ \hline 100 \end{array}$$

です。このばあい、1と1で一けた上がり、また1と1で一けた上がることはおわかりでしょう。つぎは5ですが、5はこれにさらに1を加えて、

$$\begin{array}{r} 100 \\ +\ 1 \\ \hline 101 \end{array}$$

です。

二進法というのは、この調子で数を書いてゆく方法であるということになりますが、つぎのページに、十進法による数と、二進法による数とを並べて書いてみます。

十進法	二進法
1	1
2	10
3	11
4	100
5	101
6	110
7	111
8	1000
9	1001
10	1010
11	1011
12	1100
13	1101
14	1110
15	1111
16	10000
17	10001
18	10010
19	10011
20	10100

この表からもすぐわかりますが、二進法ではいちばん右のけたは1を、右から二番めのけたは2を、右から三番めのけたは4を、右から四番めのけたは8を、右から五番めのけたは16を、……表わしているわけです。

したがって、電球をいくつか上のように並べておき、電球がついていなければ、それはそのけたが0であることを表わし、電球がついていれば、それはそのけたが1であることを表わすものと約束しておけば、二進法でどんな数でも表わすことができるということになります。上にあげた例は、十進法では19を表わしています。

1 0 0 1 1

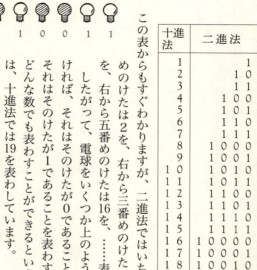

電気計算機の原理

さて、ブール代数での加え算と掛け算は、

1＋1＝1
1＋0＝1
0＋1＝1
0＋0＝0

1×1＝1
1×0＝0
0×1＝0
0×0＝0

でしたが、二進法での加え算と掛け算は、

1＋1＝10
1＋0＝ 1
0＋1＝ 1
0＋0＝ 0

1×1＝1
1×0＝0
0×1＝0
0×0＝0

です。

したがって、掛け算のほうは、ブール代数でも、二進法でも同じですから、掛け算に対しては、ブール代数とスイッチ回路の関係をそのまま利用して、下のような回路をつくっておけば、それでxとyの掛け算の答えが、電

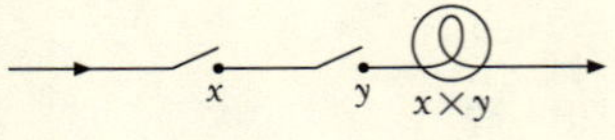

球がつかなければ0、つけば1と求められるわけです。

しかし加え算のほうは、ちょっとようすがちがいます。まず第一に注意すべきことは、ブール代数では答えがいつも一けたですが、二進法では答えが二けたになることがあるということです。

したがって、二進法での答えを表わすには、ブール代数とちがって、電球が二ついるわけです。すなわち、答えの一の位と答えの二の位を表わす二つの電球がいるわけです。

一の位	0	1	1	0
二の位	1＋1＝1	1＋0＝0	0＋1＝0	0＋0＝0

右のように考えて、二進法での加え算の二の位を見ると、これは掛け算の答えと同じになっています。したがってこれは、掛け算のばあいと同じ電気回路で見つかるわけです。

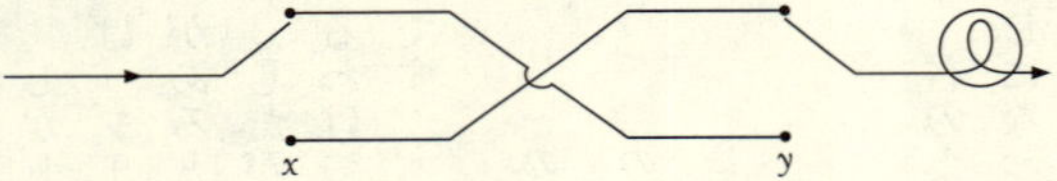

そこで残った問題は、表のx、yの欄、

x	y	一の位
1	1	0
1	0	1
0	1	1
0	0	0

の1はスイッチを入れること、0はスイッチを切ること、一の位の1は電球のつくこと、0は電球のつかないこととして、ちょうどこの表のような答えをあたえるスイッチ回路をつくる問題だということになります。

この答えをあたえるスイッチ回路は上の図のようになります。x、yを両方入れれば電球はつかず、一方を入れて他方を切れば（xかyを切るときは、スイッチを上におしつけます）電球はつき、両方を切れば電球はつかないことをためしてみてくださ

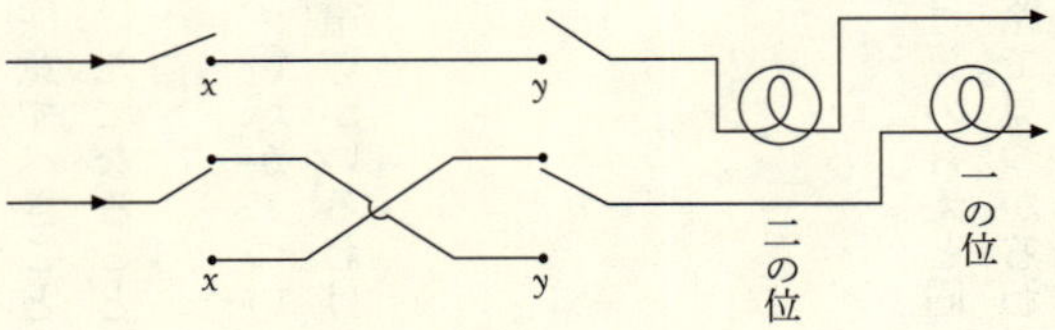

い。

したがって、xとyを加えた答えを、二進法で二つの電球を使って表わすためのスイッチ回路は、下の図のようにしておけばよいわけです。

これが電気計算機の原理です。

第七章　確率

1　確率論の歴史

目の和いくつにかけるか

まえに三次方程式の解法の話をしたときに、カルダノの名が出ました。カルダノは、代数学・天文学・物理学などの著書もたくさんある数学者です。

また、カルダノは同時に、職業的な賭博師でもありました。現に彼は、かけに関する本も書いており、そのなかにつぎのような問題があります。

「二つのサイコロを投げて、出た目の和にかけるものとする。目の和がいくつにかけるのがもっとも有利か」

この問題を考えるために、まず、二つのサイコロを投げたときに出る目の可能性の集合を考えてみましょう。

第一のサイコロが1の目をだし、第二のサイコロはそれぞれ1、2、3、4、5、6の目をだすばあい、第一のサイコロが2の目をだし、第二のサイコロはそれぞれ1、2、3、4、5、6の目をだすばあい……と考えていきますと、それは、つぎのようになります。

そこで、

その集合を検討すると

I＝

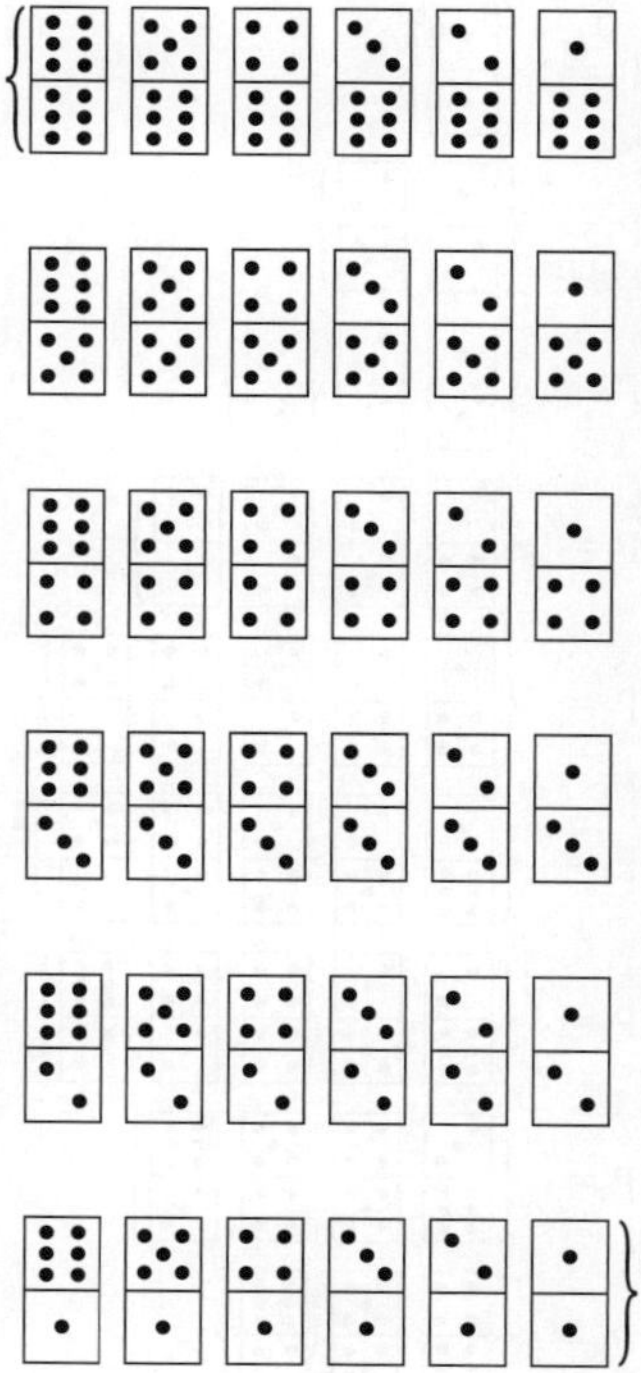

命題「目の和が2である」の真理集合をP_2、
命題「目の和が3である」の真理集合をP_3、
…
命題「目の和が12である」の真理集合をP_{12}とすれば、

$P_2=$ 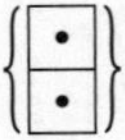

$P_3=$ 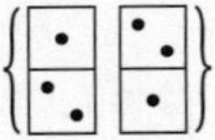

$P_4=$ 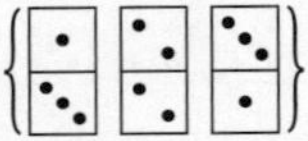

$P_5=$ 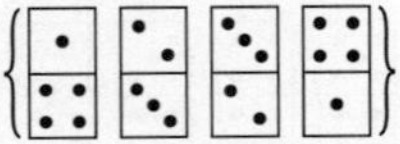

$P_6=$ 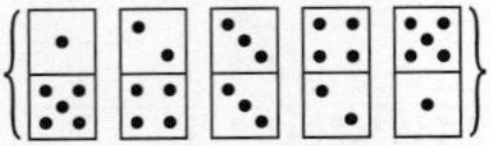

$P_7=$ 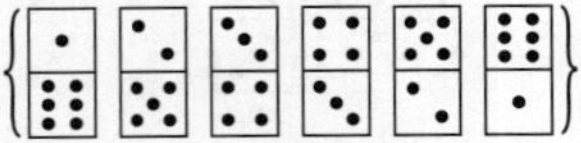

$P_8=$ 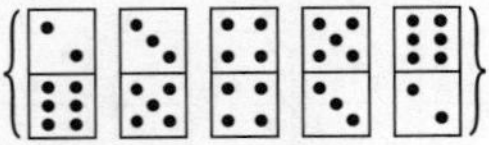

$P_9=$ 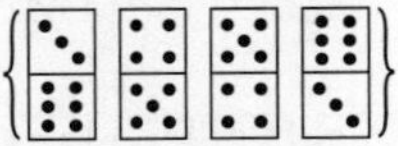

$P_{10}=$ 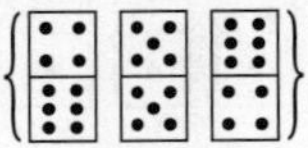

$P_{11}=$ 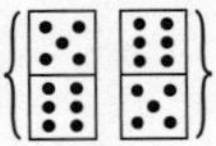

$P_{12}=$ 

となります。

いちばん有利なのは7

可能性の集合は明らかに三十六の元素を含んでいます。そのうちP_2は一個、P_3は二個、P_4は三個、……P_7は六個、……、P_{11}は二個、P_{12}は一個の元素を含んでいるのですから、明らかに、目の和が7にかけるのがいちばん有利です。

カルダノののち、有名なガリレイ（一五六四—一六四二年）もまた、サイコロを使うかけの損得の問題を論じています。

さらにのちに、パスカルとフェルマーもまたかけの損得を論じましたが、このふたりは、これを数学の理論として組み立てました。

これが確率論ですが、そののち、ジャック＝ベルヌーイ（一六四五—一七〇五年）、ラプラース（一七四九—一八二七年）などが、この確率論を発展させてゆきました。

2　確率の定義

有利な目を数字で

さてわたくしたちは、まえに、二つのサイコロを投げるとき、もしその目の和にかけるとすれば、７にかけるのがいちばん有利である、という結論をえました。

つぎには、この有利・不利を、数で表わしてみましょう。そのため、やはりまえの例を用いることにして、まず可能性の集合を問題にします。

この可能性の集合は三十六個の元素を含んでいますが、その一つ一つは、まったく同様に期待することのできるばあいです。このようなばあいには、可能性の集合の元素の一つ一つに、全体の和が１になるような等しい数、つまり$\frac{1}{36}$を対応させます。そしてこの数を各元素の重さといいます。

こうしておいて、もしこの可能性の集合の部分集合を考えるばあいには、その部分集合の各元素の重さを加えたものを、この部分集合の測度といいます。たとえば、まえの部分集合に対しては、

P_2：　$\frac{1}{36}$

P_3：　$\frac{1}{36}+\frac{1}{36}=\frac{1}{18}$

P_4：　$\frac{1}{36}+\frac{1}{36}+\frac{1}{36}=\frac{1}{12}$

P_5：　$\frac{1}{36}+\frac{1}{36}+\frac{1}{36}+\frac{1}{36}=\frac{1}{9}$

P_6：　$\frac{1}{36}+\frac{1}{36}+\frac{1}{36}+\frac{1}{36}+\frac{1}{36}=\frac{5}{36}$

P_7：　$\frac{1}{36}+\frac{1}{36}+\frac{1}{36}+\frac{1}{36}+\frac{1}{36}+\frac{1}{36}=\frac{1}{6}$

P_8：　$\frac{1}{36}+\frac{1}{36}+\frac{1}{36}+\frac{1}{36}+\frac{1}{36}=\frac{5}{36}$

P_9：　$\frac{1}{36}+\frac{1}{36}+\frac{1}{36}+\frac{1}{36}=\frac{1}{9}$

P_{10}：　$\frac{1}{36}+\frac{1}{36}+\frac{1}{36}=\frac{1}{12}$

P_{11}：　$\frac{1}{36}+\frac{1}{36}=\frac{1}{18}$

P_{12}：　$\frac{1}{36}$

となります。

確率とは真理集合の測度

このように、ある命題、たとえば、

「出た目の和は2である」

があったばあい、その真理集合を考えます。このばあいはP_2です。そしてこの真理集合の測度を考えます。この測度をもって、最初の命題の確率というのです。

したがって、「出た目の和は2である」という命題の確率は、まえの表からわかるように$\frac{1}{36}$です。

また、

「出た目の和は5である」

という命題に対しては、その真理集合の測度は$\frac{1}{9}$ですから、その確率は$\frac{1}{9}$です。同様に、命題「出た目の和は6である」の確率は$\frac{5}{36}$、命題「出た目の和は7である」の確率は$\frac{1}{6}$、命題「出た目の和は8である」の確率は$\frac{5}{36}$、……ですから、これらの命題のうちでいちばん大きな確率をもっているのは、命題、

「出た目の和は7である」

ということになります。

これがまえの有利・不利を数で表わした結果です。

もう一つ例をあげてみましょう。

I＝

三連戦二勝一敗の確率は

「まったく実力伯仲の二つのチームAとBとが三連戦を行なう。その結果が、Aチームにとって二勝一敗に終わる確率を求む」

まえの例にならって、まずこのばあいの可能性の集合Iを考えれば、それはAチームから見て上のようになります。いま考えている二つのチームは、実力まったく伯仲しているのですから、この可能性の集合の各元素は、すべてまったく同様に期待されるものです。ところがこの可能性の集合は、すべてで八つの元素を含んでいますから、その各元素に$\frac{1}{8}$という重さをあたえます。

つぎに、

「三連戦の結果がAチームの二勝一敗に終わる」

という命題の真理集合を考えれば、それは下の図のようになります。この真理集合は、三つの元素を含んでいますから、その測度は、$\frac{3}{8}$です。したがって、結局、この三連戦がAチームの二勝一敗に終わる確率は$\frac{3}{8}$です。

3　確率の定理

「確率とは真理集合の測度」を表わす記号

いま、可能性の集合をIとし、命題pの真理集合をPとしましょう。

$$\Pr(p)$$

わたくしたちは、命題pの確率をこのような記号で表わすことにしますが、その定義はつぎのとおりでした。まず可能性の集合の各元素に、その和が1になる重さと呼ばれる数を対応させます。そしてその部分集合には、それに属する元素の重さの和であるところの、測度と呼ばれる数を対応させます。ここでわたくしたちは、集合Pの測度をつぎの記号で表わすことにします。

$$m(\mathrm{P})$$

そうすると、命題pの確率とは、pの真理集合の測度のことですから、

$$\Pr(p)=m(\mathrm{P})$$

です。同様に、命題qの真理集合をQとすれば、

$$\Pr(q)=m(\mathrm{Q})$$

です。

二つの命題のどちらか一方の確率

さて、命題pとqがあるとき、命題、

pまたはq

と、命題、

pおよびqの確率というものが考えられるはずです。これを調べてみましょう。

わたくしたちは、pの真理集合をP、qの真理集合をQとするとき、「pまたはq」の真理集合は、PとQの結びであることを知っています。したがって、命題「pまたはq」の確率は、

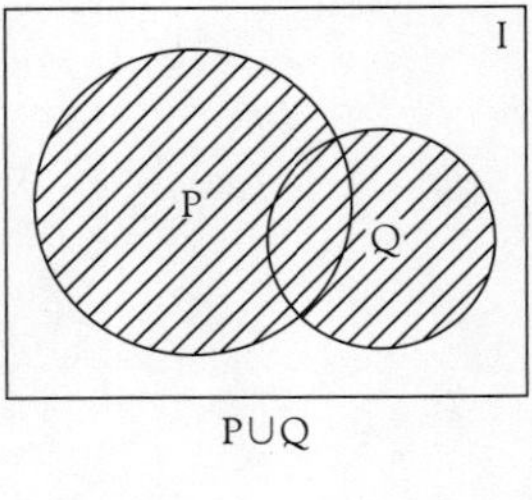

P∪Q

$$\Pr(p \vee q) = m(P \cup Q)$$

であたえられます。

二つの命題の双方同時におこる確率と否定命題の確率

またわたくしたちは、pの真理集合をP、qの真理集合をQとするとき、「pおよ

び q」の真理集合は、PとQの交わりであることを知っています。したがって、命題「p および q」の確率は、

$$\Pr(p \wedge q) = m(\mathrm{P} \cap \mathrm{Q})$$

であたえられます。

最後に、p の真理集合をPとするとき、「p ならず」の真理集合は、Pの補集合P′であることをわたくしたちは知っています。したがって、命題「p ならず」の確率は、

$$\Pr(\sim p) = m(\mathrm{P}')$$

であたえられます。

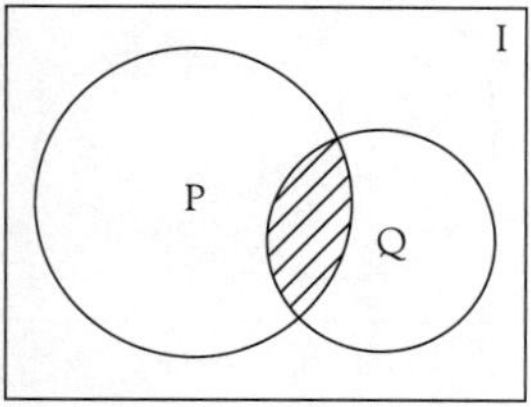

P∩Q

二つの真理集合の結びの測度

さて、命題pの確率、命題qの確率がわかっているとき、命題「pまたはq」の確率と、命題「pおよびq」の確率との関係はどうでしょうか。

この問題を解くためには、それぞれの真理集合、PとQの結びとPとQの交わりの測度を調べてみればよいのです。

そしてそれには、ベン図式をかいてみるのがよいでしょう。PとQの結びの測度を求めるのに、もしPの測度とQの測度とを加えてしまうと、PとQの交わりにはいっている元素の重さは二度数えることになってしまいますから、PとQの交わりの測度を引いておけばよいわけです。

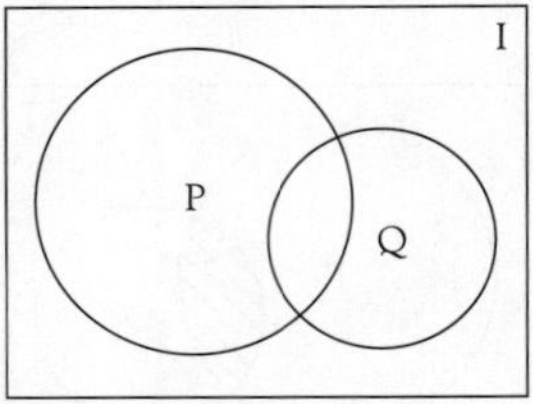

$m(P \cup Q) = m(P)$
$+ m(Q) - m(P \cap Q)$

したがって、これを確率のことばでいい直せば、

$$\Pr(p \vee q)$$
$$= \Pr(p) + \Pr(q)$$
$$- \Pr(p \wedge q)$$

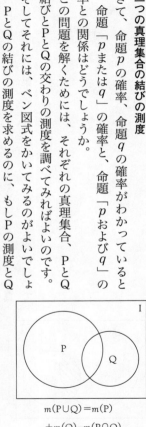

となります。すなわち、命題「pまたはq」の確率は、命題pの確率と命題qの確率とを加えたものから、命題「pおよびq」の確率を引いたものに等しいわけです。

互いに排反する二つの命題の確率

さて、とくに、pの真理集合Pと、qの真理集合Qとが、共通な元素をもっていないばあいを考えてみましょう。これは、命題pが実現すると同時に命題qが実現することはないということを意味しています。このようなばあい、pとqとは互いに排反するといいます。

pとqが互いに排反、すなわちPとQとが共通な元素をもっていないばあいには、PとQの交わりは空集合です。空集合の測度はもちろん0ですから、PとQの結び、P、Qの測度のあいだには下の図の関係が成立しています。

このことを確率のことばでいえば、命題pとqとが互いに排反すれば、

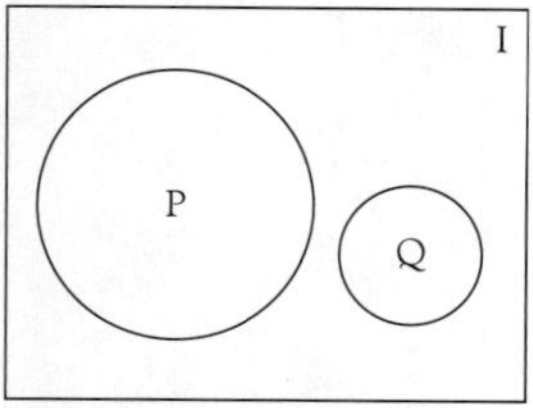

$m(P \cup Q) = m(P) + m(Q)$

$$\Pr(p \vee q) = \Pr(p) + \Pr(q)$$

であるということになります。これを確率の加法定理と呼ぶことがあります。

二つの命題の一方が実現したとき

つぎに、

「命題pが実現したときの、命題qの確率はいくらか」

という問題を考えてみましょう。最初の可能性の集合はIであったのですが、いま、命題pが実現したというのであれば、このばあいの可能性の集合は、Iから、pの真理集合Pになったわけです。

したがって、このばあいには、Pの元素に、その和が1になる重さをあたえ直さな

ければなりません。それにはPの元素のもとの重さを、Pの測度で割ったものを、新しい重さとすればよいわけです。事実、

Pの元素のもとの重さの和

$=m(\mathrm{P})$

Pの元素の新しい重さの和

$=\dfrac{m(\mathrm{P})}{m(\mathrm{P})}$

$=1$

となるからです。

さて、「pが実現したとき、さらにqが実現する」という命題の真理集合は、PとQの交わりです。ですから、そのもとの測度は、

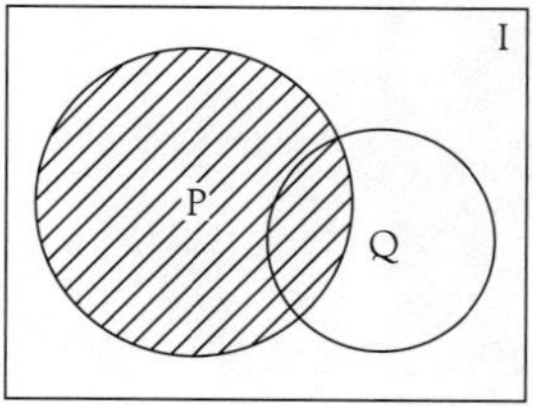

$$m(P\cap Q)$$

です。したがって、その新しい測度は、

$$\frac{m(P\cap Q)}{m(P)}$$

です。

他方の命題の確率は

さて、命題pが実現したときの命題qの確率を、つぎの記号で表わすことにすれば、

$$\Pr(q \backslash p)$$

この結果は、

$$\Pr(q \backslash p) = \frac{\Pr(p \wedge q)}{\Pr(p)}$$

と書くことができます。

さて、命題qの確率が、命題pが実現するとしないとに影響を受けないならば、命題qはpと独立であるといいます。このばあいには、まえの式は、

$$\Pr(q) = \frac{\Pr(p \wedge q)}{\Pr(p)}$$

したがって，

$$\Pr(p \wedge q) = \Pr(p) \times \Pr(q)$$

と書くことができます。すなわち、

「qがpと独立であれば、pが実現したとき、さらにqが実現する確率は、pの確率とqの確率を掛けたものに等しい」

この定理は、確率の乗法定理と呼ばれることがあります。

命題pとその否定$\sim p$との確率の和は1

最後に、命題pの真理集合をPとすれば、pの否定$\sim p$の真理集合はもちろんP′です。ところが、可能性の集合の元素の重さを全部加えたものは1となるはずですから、Pの測度とP′の測度を加えたものは1となるはずです。

$$m(\mathrm{P}) + m(\mathrm{P}') = 1$$

このことを確率のことばでいい直せば、命題pの確率と命題pの

$$\Pr(p) + \Pr(\sim p) = 1$$

否定$\sim p$の確率を加えたものは1に等しい、となります。

4　確率の定理の応用

故障している自動販売機

一つ二つ、応用問題をやってみましょう。

ここにチューインガムの自動販売機がありますが、これは故障しています。これにお金を入れれば、チューインガムが出る確率は$\frac{1}{3}$です。また、そのお金がもどってきてしまう確率は$\frac{1}{4}$です。さらに、なにも出てこない確率は$\frac{1}{2}$です。

この機械にお金を入れるとき、チューインガムが出て、お金ももどってくる確率はいくらでしょうか。

いま、この機械にお金を入れるとき、

命題「チューインガムが出る」をpで、

命題「お金がもどってくる」をq

で表わせば、

命題「なにも出てこない」

はどう表わされるでしょうか。「なにも出ない」というのは、「チューインガムが出るか、または、お金がもどってくる」の否定です。したがってこれは、pとqの離接の否定です。つまりこれは、

$$\sim(p \vee q)$$

で表わされます。ところがこの否定命題の確率が$\frac{1}{2}$であるというのですから、もとの離接の確率も$\frac{1}{2}$です。

したがって、問題は、

$$\Pr(p)=\frac{1}{3}$$

$$\Pr(q)=\frac{1}{4}$$

$$\Pr(p \vee q)=\frac{1}{2}$$

ということを教えています。そして問題の求めているのは、チューインガムが出て、

しかもお金ももどる、という命題、すなわちpとqの合接の確率ですから、ここでまえに述べた公式を思い出せば、左の計算によって、求める確率は$\frac{1}{12}$であることがわかります。

$$\Pr(p \wedge q) = \Pr(p) + \Pr(q) - \Pr(p \vee q) = \frac{1}{3} + \frac{1}{4} - \frac{1}{2} = \frac{1}{12}$$

では、つぎの問題はどうでしょう。

くじは最初に引くのが有利か

「十本中に三本当たりのあるくじがある。このくじを最初に引く人と、二番めに引く人の当たる確率を求む」

このくじを最初に引く人の当たる確率は、可能性の集合が十個の元素をもち、このときの真理集合は三個の元素をもっていますから、明らかに$\frac{3}{10}$です。

つぎに、二番めにこのくじを引く人の当たるばあいというのは、

(1)最初に引く人が当たって、二番めに引く人も当たる。

(2)最初に引く人ははずれて、二番めに引く人は当たる。

という二つのばあいに分けられます。

まず、(1)のばあいから考えましょう。最初に引く人の当たる確率は$\frac{3}{10}$、そして最初に引く人が当たったばあい、二番めに引く人の当たる確率は$\frac{2}{9}$です。したがってこの最初のばあいの起こる確率は、確率の乗法定理によって、この$\frac{3}{10}$と$\frac{2}{9}$とを掛け合わせた$\frac{6}{90}$です。

つぎに(2)のばあいを考えましょう。最初に引く人のはずれる確率は$\frac{7}{10}$、そして最初に引く人がはずれたばあい、二番めに引く人の当たる確率は$\frac{3}{9}$です。したがってこの第二番めのばあいの起こる確率は、確率の乗法定理によって、この$\frac{7}{10}$と$\frac{3}{9}$とを掛け合わせた$\frac{21}{90}$です。

ところが、まえの(1)というばあいと(2)というばあいとは互いに排反しています。したがって確率の加法定理によって、求める確率は、この$\frac{6}{90}$と$\frac{21}{90}$とを加えた$\frac{3}{10}$です。

したがって、十本中に三本の当たりのあるくじを、最初に引く人の当たる確率も、二番めに引く人の当たる確率も同じなのです。

おわりに

1　縦の流れにそって

人類はどうして数を知ったか

わたくしは、この小さな書物のなかで、数学の歴史を、細かい計算法や技巧にこだわらないで、考え方の歴史、思想の歴史という見地から述べることを試みてきました。

まず第一章「歴史が始まるまえの数学」では、他の動物にはなく、わたくしたち人類だけがもっていると思われる数の考えというものを、わたくしたちの祖先はどのようにして獲得してきたか、またその数の概念を獲得するとき、わたくしたちの片手に五本ずつ、合計十本ついている指が、どのような役割を演じたかということをふり返ってみました。

数の考えなしにはもちろん数学は始まらないのですから、これは、数学の歴史、とくに数学の思想の歴史での貴重な第一歩であったことはいうまでもありません。

古代文化の遺産としての数学

ついで第二章「古代の数学」では、まずエジプトとバビロニアの数学がどんなものであったかをくわしく述べました。

このエジプトとバビロニアの数学は、現在残されている記録からじゅうぶんうかがい知ることができるように、エジプトとバビロニアの人たちの長い長いあいだの貴重な経験の集積です。

古い記録に書かれている一つ一つの事実は、これらの長い経験からえられたものであって、まことに貴重な知識ではありますが、しかし、残念なことに、それらはまだばらばらな知識のよせ集めにすぎません。どんなに貴重な知識の集まりであっても、ばらばらで統一のとれていないものであったならば、それらはまだ真に有用な知識として活躍するというわけにはゆきません。

知識の集まりというものは、それらを整理し、統一をあたえることによって、はじめて雄大な応用を見いだすことができるものだからです。

ギリシアで数学は雄大な学問に

第二章で述べたターレスは、このことを身をもって示してくれた最初の数学者です。伝記によれば、彼はエジプトに留学したといいますから、彼はエジプトの人たちから、これらの知識をすべて学んだことでしょう。しかし彼は、これらの知識を、単にばらばらの知識として受けとるだけでなく、これらに、彼のギリシア的、合理的な精神による反省をじゅうぶんに加えて、ここに学問としての幾何学をうち立てていったわけです。

今日、中学校で教えられている幾何学は、このターレスとそれにつづくピタゴラス、ユークリッド、アルキメデス、アポロニウスなどが、ほとんど完成の域にまで発展させたものです。

今日の中学生や高校生は、この幾何学があまりに抽象的だと、不満を述べることがあります。しかしここにたいせつなことは、この幾何学が、単に抽象のために抽象的なのではなくて、知識というものは、このように一旦整理することによって、また、その整理された形でじゅうぶん研究しておくことによって、はじめて雄大な、ばらばらな知識の持ち主には思いもおよばないような応用の道が開けてくるということです。こうした意味をじゅうぶんくみとっていただければ幸いです。

文芸復興期への思想の流れ

第三章「数学の歩み」では、最初の三つの節で、0の発見、方程式、そして、対数、と数に関する大きな思想の流れを述べたのち、ふたたび、ターレス以来の幾何学の思想の流れを述べてみました。

この章の最後に述べた射影幾何学は、文芸復興期のイタリアに起こった実用幾何学の産物ですが、この射影というすばらしい考えは、幾何学に対する概念に大きな変化をあたえるきっかけとなったものです。

なお本文では述べきれませんでしたが、この射影幾何学は、今日の一般相対性理論・統一場理論・量子論などの現代物理学においても、応用の広い考え方と見られています。

解析幾何学・微積分学の発展と急展開

第四章「十七世紀の数学」では、十七世紀に創始された解析幾何学と微分積分学とを、細かい計算や技巧はできるかぎり省いて、その考え方だけを浮き彫りにするようにしてみました。

今日、科学技術の基礎になっているといわれる数学の、そのまた基礎になっているのは、この解析幾何学と微分積分学の考え方です。ふつう、解析幾何学や微分積分学の話をするばあいには、えてしてその細部に立ち入りがちですが、それでは解析幾何学と微分積分学の基本的な概念はつい見失われてしまうので、ここでは、できるだけその考え方だけを抜き出してみたわけです。

さて数学者たちは、十七世紀に発見されたこの微分積分学を、それにつづく十八世紀・十九世紀を通じて、全力をあげて開拓してきました。この十七、十八、十九世紀を通じての数学の進歩は、他の世紀のそれと比べると、その速さにおいて、数倍、いや数十倍であっただろうといわれているくらいです。

人類史上の画期的な役割

今日わたくしたちは、列車が走り、汽船が浮かび、自動車が走り、飛行機が飛び、ラジオが聞こえ、テレビが見え、そして人工衛星が上がり、月へ人を送る可能性を論ずることができるという機械文明の世の中に生きているわけですが、今日のこの機械文明をつくり出すことができたのは、十七世紀に発見され、十八世紀・十九世紀を通じて発展してきた、解析幾何学と微分積分学の考えであるといってもいい過ぎではありません。したがって、第四章「十七世紀の数学」で述べた思想は、数学の歴史ばかりでなく、わたくしたち人類の歴史のうえで画期的な役割を演じたものであるということができます。

2　足踏みと大転回

二千年の伝統を破る幾何学

さて、数学の思想の流れのなかには、もう一つの他の流れがめばえていました。それは、十九世紀にはいってから、数学は右に述べたようなすばらしい発展をしてゆきましたが、この数学を、ただ先へ先へと進めるだけでなく、その基礎を固めようとした、数学者たちの努力から生まれたものです。

まずそのおもなものをあげてみましょう。

本文のユークリッド幾何学の項で述べたように、ユークリッドのかかげた平行線の公理とその幾何学は、それから二千年以上も唯一無二のものと考えられていましたが、その平行線の公理に関する基礎的な考察が、十九世紀になってようやく実を結びました。ロシアのロバチェフスキーとハンガリーのボリアイとは、この平行線の公理を否定しても、そこに一つも矛盾のない幾何学が成立することを示したのです。

新しい発掘と成果続々

また、ドイツの数学者デデキント（一八三一―一九一六年）は、数、とくに無理数に対して深い考察をあたえ、有理数と無理数とをいっしょにした実数の理論を確立しました。

同じくドイツの数学者カントール（一八四五―一九一八年）による、一般に物の集まり、とくに無限に多くの物の集まりを論ずる集合論によって、数の本質、無限の本質、無限の段階などが明らかになってゆきました。

さらにまたドイツの数学者ヒルベルト（一八六二―一九四四年）は、ユークリッド幾何学を、厳密な公理から出発して組み立てるという仕事を徹底的におし進めて「幾何学基礎論」を著わし、数学を公理から組み立てるという態度を確立しました。

現代を象徴する英知の所産

以上は、十九世紀の後半から二十世紀にかけて行なわれた、数学者の数学の基礎についての反省の、ほんの二、三の例にすぎませんが、とにかく、数学はこうしてここにまた大きな転回を経験したわけです。

この小さな書物では、こうした新しい思想の流れの全貌を伝えることはとうていできませんので、本書では、最後の三つの章に、この現代的な数学のうちで、その特徴をもっとも端的に表わしていると思われる三つの例をあげてみました。

つまり、第五章「トポロジー」で述べた話題は、あなたがいままでに知っていた代数学や幾何学の話題とはちょっととびはなれていますが、人間の英知が生み出したものという感じの強いトポロジーを、一筆がきと多面体の定理を例にして説明してみたわけです。

また第六章「集合」では、イギリスの数学者ブール（一八一五―六四年）が暗示し、まえに述べたカントールによって完成された集合の理論の一端を紹介しました。

数学のための数学が巨大な実用へ

そして最後の第七章では、むかしからある概念ではありますが、第六章で述べた集合と論理学の関係を使えばひじょうに明快になると思われる確率の概念を説明してみました。

以上に述べた現代数学は、いわば、数学のための数学であったかもしれません。

しかし一見、それがどんなに現実ばなれのした数学の概念や結果であっても、それらは、いつかは現実と結びつき、しかも、そこに雄大な応用の世界が現われてくるという考えは、数学者の確信であるといってもよいと思います。

ところが、この現代数学の応用は、二十世紀にはいっていくばくも待たずに見いだされてゆきました。

第六章の最後に述べた、集合と論理学の関係から生まれたブール代数の、スイッチ回路への応用は、そのもっともよい例ということができるでしょう。これはさらに発展して、今日の電気計算機の原理となっているのです。

こうして高度な日常性を獲得

今日、数学ブームが起こっているという声は、おそらくもうあなたの耳にもはいっているでしょう。この数学ブームということばには、科学技術における数学の重要性がますます認められてきたことのほかにも原因があります。つまり、ここに述べた新しい数学の新しい応用が、科学技術以外の方面、たとえば、一般のビジネスにも、会社の経営にも、種々の計画を立てるうえにも、続々と見いだされているということです。

あなたが本書によって、数学を、その思想の流れという面から見ると、数学というものはひじょうにすっきりとした、見通しのよいものであることを認識なさり、それを基礎にして、新しい数学の新しい応用に意欲を燃やされるよう、心からお祈りします。

解説――知の裾野を広げる

茂木健一郎

矢野健太郎さんの『数学の考え方』は、講談社現代新書として一九六四年に出版された。私が、二歳の時である。

この度、文庫になるということで、それをきっかけに再読した。驚くのは、内容が全く古くなっていないということである。むしろ、改めて読むことで、新しい発見がある。「古典」とは、こういう本のことを言うのだろう。

矢野健太郎さんの筆致の見事さに加えて、数学という学問が、時を超えて普遍的な意味を持つ、という一つの証だろう。世間の流行はめまぐるしいが、数学的真理は変化しない。数学は、永遠の学問である。だから、名著は、いつまで経っても色褪せない。

矢野健太郎さんは、一九一二年に生まれ、一九九三年に亡くなった。東京大学や、東京工業大学で教鞭をとられ、パリ大学やプリンストン高等研究所でも研究した。たくさんの論文を書くとともに、一般向けの本も執筆された。数学書の書き手ナンバーワンとして、一時代を築かれたのである。

特筆すべきは、プリンストン高等研究所時代に、相対性理論のアルベルト・アインシュタインと親しく交流されたことであろう。当時のことは、『アインシュタイン伝』にいきいきと書かれている。

矢野健太郎さんの本は、小学生の頃から、熱心に読んだ記憶がある。どの本を、というはっきりとした確信はないのだけれども、とにかく手当たり次第に読んだから、『数学の考え方』も、読んだ本の中に入っているに違いない。今回、どこか懐かしい気持ちで読んだのは、そのためである。

人間の記憶というのはふしぎなもので、文字列として、ああここ、という再認はないのだけれども、思考の型のようなものは入っている。実際、矢野健太郎さんのお書きになったものから、私は、いかに多くのものを得ていたことだろう。『数学の考え方』を再読して、方程式の話にせよ、幾何学にせよ、あるいはトポロジーにせよ、集合にせよ、あるいはブール代数のことにせよ、この本で書かれていることが、私の中で、いわば「常識」として息づいているということに、改めて驚いた。

あたかも空気を吸うかのように、これらの思考の「型」が、世界について私が考える上での「前提」になっている。自分の血となり、肉となっているのである。逆に、もしこれらのものが私の一部になっていなかったとしたら、と想像したら、何だか恐ろしくなった。

数学というと、「数」のことだと思っている世間がある。ところが、実は数学は「数」のことだけではない。もちろん、「数」も扱うことは扱う。しかし、数のこと、とりわけその「計算」は、数学の扱う内容の、ごく一部分に過ぎない。

実際には、数学は、ものごとの成り立ち、その関係性について、論理的に、かつ緻密に考える学問である。つまりは、現代を生きる上で欠かせない素養なのであって、それなしでは技術を生み出し、使い、社会を変え、自分の生活空間を設計する人として自立することができない、というくらい大切なものである。

だれでも、自分という「木」が大きく育ち、やがて花が咲き、稔って欲しいと願うだろう。そのためには、土が滋養に満ち、そこにしっかりと根を張ることができなければならない。

数学の本は、現代人が精神的に大きく育つ上で、欠かせない脳の栄養である。矢野健太郎さんの著作は、その中でもとびっきりのもの。上質の心の滋養に満ちている。

ほんとうにびっくりするくらい、話題が豊富で、見識が深い。これぞ王道という、華麗なる安心感がある。

『数学の考え方』で取り扱われるテーマは、さまざまだ。それらの話題に興味を惹かれて読んでいるうちに、知らずしらずのうちに、数学の奥深い世界に誘われていく。以下、『数学の考え方』の中で論じられているテーマを、思いつくままに列挙してみよう。


3以上はすべて「たくさん」としてしまう文明。

アーメスのパピルスに書かれていた「仮定法」の見事な解法。

ピタゴラス学派が取り組んだ「無理数」や、「タイル張りの問題」。

「あたえられた立方体の二倍の体積をもつ立方体を作図せよ」などの、三大難問。それにまつわる、アポロンの神宣。

「0」を使った位どり記法。

ヨーロッパでかつて行なわれていた、数学の試合。

ロバチェフスキーとボリアイの公理を仮定して進む非ユークリッド幾何学。

ケーニヒスベルクの橋渡りの問題。

ブール代数と、スイッチ回路。

どうだろう？　右に挙げた項目について、すべて、自分自身で過不足なく説明できる、という人は、本書を読む必要はないのかもしれない。興味は惹かれるけど、よくわからない、うろ覚えだけど、怪しい、昔は知っていたけれども、改めて自分の知識を確認したい。そのような方は、是非、『数学の考え方』を手にとっていただきたいと思う。

＊

数学は、現代の文明において、欠かせない基盤となっている。とりわけ、インターネットなど情報関連技術は、「数学のかたまり」である。

私たちが日常で使う機会の多い電子メールや、ソーシャル・ネットワーク・サービス（SNS）、動画やニュースのサイトといった道具は、情報の伝達や圧縮、ノイズの取り扱い、セキュリティ、個人認証などのすべての側面において、さまざまな数学を駆使している。

さらに言えば、医療診断や、自動運転技術など、さまざまな分野への応用が期待されている「人工知能」を支える「ディープ・ラーニング」の技術は、数学そのものである。ここに「ディープ・ラーニング」とは、機械がある評価関数を最適化するだけでなく、評価関数のもととなる「概念」自体を獲得してしまうという学習プロセスである。こうした人工知能の技術には数学が深く関わっている。つまりは、数学なしでは、現代の文明の中で新たなテクノロジーを作り出すことはもちろん、基本的な事項を理解することも、難しいだろう。

本書が刊行された一九六四年と言えば、まだ、コンピュータが実用化されて間もない頃。一部では先端技術として使われていたが、今日のような普及は考えられなかった。しかし、さすがは矢野健太郎さん。本書の中の次のような記述は、あたかも今日のコンピュータの全盛、そして数学の技術的普及を見通していたかのようである。

以上に述べた現代数学は、いわば、数学のための数学であったかもしれません。

しかし一見、それがどんなに現実ばなれのした数学の概念や結果であっても、それらは、いつかは現実と結びつき、しかも、そこに雄大な応用の世界が現われてくるという考えは、数学者の確信であるといってもよいと思います。

ここに顕れているのは、ある専門に通じた者の、一つの「矜持」。「雄大な応用の世界が現われてくるという考えは、数学者の確信である」という言葉など、最高にかっこいい。

*

それにしても、矢野健太郎という人は、偉大な数学者である、ということは知っていても、実際にはどのような人だったのだろう、ということは、気になることである。おそらくは、大変教養のある、人間的な魅力にあふれた人だったのだろう。

本書の魅力の一つは、あくまでも数学のことを論じていながら、それでも、「矢野健太郎」という人の人となりを、いきいきと伝えてくれることだろう。『数学の考え方』を読み終えた人は、目を閉じればありありと思い浮かべられるくらいに、「矢野健太郎」という人の温かさ、深さを感じることができる。

これは、ふしぎなことである。ご自身の身辺のあれこれを綴った著作ならば、まだ、その人となりが伝わる、ということはわかる。ところが、数学という、きわめて抽象的な、また、普遍的な（普遍的ということは、つまり、誰にでも当てはまるということである）テーマを扱っている文章から、これほどまでに、「矢野健太郎」というひとりの人物の性格が伝わってくるとは！

それが、数学というものの、そして文章というものの面白いところだろう。「矢野健太郎」という、類まれなる人の人格を含めた思想、感性が、こうして姿を改めて読み継がれることには、大切な意味がある。

数学は、現代文明の至るところに入り込んでいる。純粋数学は、プラトン的世界に通じる道である。数学が得意な人から、苦手意識のある人まで、数学に向き合うことで、自分の精神を鍛えることができる。つまり、数学に関わるすべての道は、人間としての面白さ、魅力に通じる。

「教養」という「裾野」がなければ、天を衝く頂上の高みもあり得ない。現代という時代を、面白く生きるためにも、ぜひ、本書で、知の裾野を広げて欲しい。

（脳科学者）

KODANSHA

本書の原本は、講談社現代新書『数学の考え方』として、一九六四年に講談社より刊行されました。

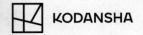

矢野健太郎（やの　けんたろう）

1912–93。東京生まれ。東京大学理学部数学科卒業。同大学院を経て，パリ大学に留学。プリンストン高等研究所でアインシュタインと親交を深めたことでも知られる。専攻は微分幾何学と統一場理論。理学博士。東京工業大学名誉教授。著書に『数学物語』『アインシュタイン伝』など多数。

講談社学術文庫

定価はカバーに表示してあります。

数学《すうがく》の考《かんが》え方《かた》

矢《や》野《の》健《けん》太郎《たろう》

2015年８月10日　第１刷発行
2024年６月10日　第６刷発行

発行者　森田浩章
発行所　株式会社講談社
　　東京都文京区音羽 2-12-21 〒112-8001
　　電話　編集（03）5395-3512
　　　　　販売（03）5395-5817
　　　　　業務（03）5395-3615
装　幀　蟹江征治
印　刷　株式会社広済堂ネクスト
製　本　株式会社国宝社
本文データ制作　講談社デジタル製作

ISBN978-4-06-292315-6

「講談社学術文庫」の刊行に当たって

これは、学術をポケットに入れることをモットーとして生まれた文庫である。学術は少年の心を養い、成年の心を満たす。その学術がポケットにはいる形で、万人のものになることは、生涯教育をうたう現代の理想である。

こうした考え方は、学術を巨大な城のように見る世間の常識に反するかもしれない。また、一部の人たちからは、学術の権威をおとすものと非難されるかもしれない。しかし、それはいずれも学術の新しい在り方を解しないものといわざるをえない。

学術は、まず魔術への挑戦から始まった。やがて、いわゆる常識をつぎつぎに改めていった。学術の権威は、幾百年、幾千年にわたる、苦しい戦いの成果である。こうしてきずきあげられた城が、一見して近づきがたいものにうつるのは、そのためである。しかし、学術の権威を、その形の上だけで判断してはならない。その生成のあとをかえりみれば、その根は常に人々の生活の中にあった。学術が大きな力たりうるのはそのためであって、生活をはなれた学術は、どこにもない。

開かれた社会といわれる現代にとって、これはまったく自明である。生活と学術との間に、もし距離があるとすれば、何をおいてもこれを埋めねばならない。もしこの距離が形の上の迷信からきているとすれば、その迷信をうち破らねばならぬ。

学術文庫は、内外の迷信を打破し、学術のために新しい天地をひらく意図をもって生まれた。文庫という小さい形と、学術という壮大な城とが、完全に両立するためには、なおいくらかの時を必要とするであろう。しかし、学術をポケットにした社会が、人間の生活にとってより豊かな社会であることは、たしかである。そうした社会の実現のために、文庫の世界に新しいジャンルを加えることができれば幸いである。

一九七六年六月　　　野間省一

自然科学

村上陽一郎著
近代科学を超えて
クーンのパラダイム論をふまえた科学理論発展の構造を分析。科学の歴史的考察と構造論的考察から、科学史と科学哲学の交叉するところに、科学の進むべき新しい道をひらいた気鋭の著者の画期的科学論である。
764

森　毅著
数学の歴史
数学はどのように生まれどう発展してきたか。数学史を単なる記号や理論の羅列とみなさず、あくまで人間の文化的な営みの一分野と捉えてその歩みを辿る。知的な挑発に富んだ、歯切れのよい万人向けの数学史。
844

森　毅著（解説・野崎昭弘）
数学的思考
「数学のできる子は頭がいい」か、それとも「数学などやる人間は頭がおかしい」か。ギリシア以来の数学的思考の歴史を一望。現代数学・学校教育の歪みを一刀両断。数学迷信を覆し、真の数理的思考を提示。
979

森　毅著（解説・村上陽一郎）
魔術から数学へ
西洋に展開する近代数学の成立劇。小数はどのように生まれたか、対数は、微積分は？　宗教戦争と錬金術が猖獗を極める十七世紀ヨーロッパでガリレイ、デカルト、ニュートンが演ずる数学誕生の数奇な物語。
996

池田清彦著
構造主義科学論の冒険
旧来の科学的真理を問直す卓抜な現代科学論。科学理論を唯一の真理として、とめどなく巨大化し、環境破壊などの破滅的状況をもたらした現代科学。多元主義にもとづく科学の未来を説く構造主義科学論の全容。
1332

杉田玄白著／酒井シヅ現代語訳（解説・小川鼎三）
新装版**解体新書**
日本で初めて翻訳された解剖図譜の現代語訳。オランダの解剖図譜『ターヘル・アナトミア』を玄白らが翻訳。日本における蘭学興隆のきっかけをなし、また近代医学の足掛りとなった古典的名著。全図版を付す。
1341

《講談社学術文庫　既刊より》